高等职业教育系列教材

U0193564

CAXA 数控加工自动编程经典实例教程

主　编　刘玉春

副主编　隋国亮　程　辉

参　编　刘孜文　张小平

机械工业出版社

本书分为两篇。第 1 篇为 CAXA 数控车自动编程，通过对 14 个典型 CAXA 数控车削编程实例的详细讲解，向读者清晰地展示了 CAXA 数控车 2020 软件的 CAD 造型设计及数控车削加工模块的主要功能和操作技巧。第 2 篇为 CAXA 制造工程师自动编程，通过对 11 个典型零件数控编程实例的详细讲解，向读者清晰地展示了 CAXA 制造工程师 2020 软件的 CAD 造型设计及数控加工模块的主要功能和操作技巧。

本书结构紧凑，实例丰富而经典，讲解详细且通俗易懂，每个小节都配有操作视频，可直接扫描书中二维码观看，能帮助 CAXA 数控车、铣用户迅速掌握和全面提高 CAXA 数控车 2020 软件和 CAXA 制造工程师 2020 软件编程的操作技能。书中多数经典实例来源于数控技能大赛试题，对参加各级数控技能大赛的学员有一定的参考价值。

本书可以作为高等学校、职业院校相关专业学生的教材，也可作为机械制造类工程技术人员的参考书和全国数控技能大赛软件应用辅导书。

本书配有全部实例源文件及授课 PPT 等资源，需要的教师可登录机械工业出版社教育服务网 www.cmpedu.com 免费注册后下载，或联系编辑索取（微信：15910938545，电话：010-88379739）。

图书在版编目（CIP）数据

CAXA 数控加工自动编程经典实例教程 / 刘玉春主编. —北京：机械工业出版社，2021.7（2025.1 重印）
高等职业教育系列教材
ISBN 978-7-111-68324-7

Ⅰ. ①C… Ⅱ. ①刘… Ⅲ. ①数控机床-车床-程序设计-高等职业教育-教材
Ⅳ. ①TG519.1

中国版本图书馆 CIP 数据核字（2021）第 096461 号

机械工业出版社（北京市百万庄大街 22 号　邮政编码 100037）
策划编辑：曹帅鹏　　责任编辑：曹帅鹏　车　忱
责任校对：张艳霞　　责任印制：单爱军

北京虎彩文化传播有限公司印刷

2025 年 1 月第 1 版 · 第 7 次印刷
184mm×260mm · 14.25 印张 · 351 千字
标准书号：ISBN 978-7-111-68324-7
定价：55.00 元

电话服务

客服电话：010-88361066
　　　　　010-88379833
　　　　　010-68326294
封底无防伪标均为盗版

网络服务

机　工　官　网：www.cmpbook.com
机　工　官　博：weibo.com/cmp1952
金　书　网：www.golden-book.com
机工教育服务网：www.cmpedu.com

前　言

CAD/CAM 软件作为核心工业软件，是"工业知识的软件"，经过长期的技术积累、应用积累和持续创新，在机械、电子、航空、航天、汽车、船舶、军工、建筑、轻工及纺织等领域得到了广泛的应用，以高速度、高精度、高效率等优越性获得了一致的好评。

CAXA 数控车 2020 是在全新的数控加工平台上开发的数控车床加工编程和二维图形设计软件。CAXA 制造工程师 2020 是基于 CAXA 3D 实体设计 2020 平台开发的数控铣床和加工中心的三维 CAD/CAM 软件。为了帮助机械类专业学生快速学习和使用这两个软件，编者在总结多年应用经验的基础上，编写了本书。本书以 CAXA 数控车 2020 软件和 CAXA 制造工程师 2020 软件知识为基础，通过大量数控大赛软件应用的具体造型及加工实例，系统地讲解了数控加工自动编程的知识。内容着重介绍具体实例的编程技术和操作技巧，使读者能更好地加深理解并巩固所学的知识内容，提高综合的实体造型和数控加工能力。全书共分七章，第 1 章主要讲述了阶梯轴类零件的设计与车削加工，第 2 章主要讲述了典型零件的设计与车削加工，第 3 章主要讲述了轴类零件的设计与 C 轴车削加工，第 4 章主要讲述了数控大赛车削零件的设计与车削加工，第 5 章主要讲述了平面类典型零件的设计与铣削加工，第 6章主要讲述了曲面类典型零件的设计与铣削加工，第 7 章主要讲述了典型零件的设计与铣削加工，各章实例均配以大量图片详细演示了其自动编程的步骤和技巧。

全书融合了数控车削加工和数控铣削加工的生产实践技术技巧，介绍了典型零件和复杂零件的加工方法，以大量的应用实例为基础，系统地讲解了 CAXA 数控加工自动编程的知识，使读者能深入理解和掌握 CAXA 数控加工自动编程的操作要点、技术技巧与加工经验；从简单的二维轮廓零件、典型三维零件、复杂双面零件到配合精度要求高的零件以及典型曲面零件的加工，由浅入深、循序渐进地讲解了 CAXA 数控加工自动编程刀具路径的编辑技巧，能够让读者很快了解数控编程和加工工艺的特点，领悟到自动编程操作的精髓，达到事半功倍的效果。

本书坚持以"够用为度、工学结合"为原则，突出适用性、综合性和可操作性，让读者在具体操作实例的指引下，快速学习 CAXA 数控编程软件的造型设计理论及加工编程知识，易学、易懂，使学习自动编程技术更为简单。

本书由甘肃畜牧工程职业技术学院刘玉春主编，具体编写分工如下：第 1 章由长春工业技术学校隋国亮编写，第 2 章由江西省赣州市光华职业技术学校张小平编写，第 3 章、第 4章和第 5 章由甘肃畜牧工程职业技术学院刘孜文编写，第 6 章由甘肃有色冶金职业技术学院程辉编写，第 7 章由甘肃畜牧工程职业技术学院刘玉春编写。在教材的编写过程中，得到了甘肃农业大学张炜教授的大力支持，也得到了部分生产一线技术人员的建议和指导，编者在此对所有提供帮助和支持本书编写的人员表示衷心的感谢！

由于编者水平有限，加之时间仓促，书中难免有错误和不妥之处，敬请读者批评指正。

编　者

目　录

第1篇　CAXA 数控车 2020 自动编程

第2篇　CAXA制造工程师2020自动编程

V

绪　　论

CAXA 数控车 2020 和 CAXA 制造工程师 2020 都是由北京数码大方科技股份有限公司推出的功能强大、性能卓越的数控编程 CAM 软件。

CAXA 数控车 2020 是在全新的数控加工平台上开发的数控车床加工编程和二维图形设计软件，它具有 CAD 软件的强大绘图功能和完善的外部数据接口，可以绘制任意复杂的图形，可通过 DXF、IGES 等数据接口与其他系统交换数据。该软件提供了功能强大、使用简洁的轨迹生成手段，可按加工要求生成各种复杂图形的加工轨迹。通用的后置处理模块使 CAXA 数控车软件可以满足各种机床的代码格式，输出 G 代码，并对生成的代码进行校验及加工仿真。

CAXA 制造工程师 2020 是一款非常专业的数控铣床和加工中心的三维 CAD/CAM 软件，它集成了数据接口、几何造型、加工轨迹生成、加工过程仿真检验、数控加工代码生成和加工工艺单生成等一整套面向复杂零件和模具的数控编程功能，使得用户的编程效率得到大大提升。新版 CAXA 制造工程师软件集成了 CAXA 实体设计软件，支持协同创新设计模式和工程设计（参数化设计）模式，大幅提高了新产品开发的设计效率，工程设计模式符合其他主流 3D 软件的操作习惯和设计思想，方便修改。

1．CAXA 数控车 2020 操作界面介绍

CAXA 数控车 2020 有 Fluent 风格和经典风格两种界面，在 Fluent 风格界面下的功能区中单击"视图选项卡"→"界面操作面板"→"切换界面风格"或在主菜单中单击"工具"→"界面操作"→"切换"，就可以在 Fluent 界面和经典界面间进行切换。该功能的快捷键为〈F9〉。

Fluent 风格界面中最重要的界面元素为"功能区"。使用功能区时无须显示工具条，通过单一紧凑的界面使各种命令简洁有序、通俗易懂，同时使绘图工作区最大化。

"功能区"通常包括多个功能区选项卡，每个功能区选项卡由各种功能区面板组成。各种功能命令均根据使用频率、设计任务，有序地排布到"功能区"的选项卡和面板中。例如，CAXA 数控车 2020 软件的功能区选项卡包括"常用"、"插入"、"标注"、"图幅"、"工具"、"视图"、"数控车"和"帮助"等；而"常用"选项卡由"绘图"、"修改"、"标注"、"特性"和"剪切板"等功能区面板组成，如图 0-1 所示。

2．CAXA 制造工程师 2020 操作界面介绍

CAXA 制造工程师 2020 将 CAD 模型与 CAM 加工技术无缝集成，可直接对曲面、实体模型进行一致的加工操作。该软件支持轨迹参数化和批处理功能，明显地提高了工作效率；支持高速切削，大幅度提高了加工效率和加工质量；通用的后置处理模块可向任何数控系统输出加工代码。

CAXA 制造工程师 2020 的功能区选项卡包括"特征"、"草图"、"曲线"、"曲面"、"制造"、"工具"、"显示"和"工程标注"等；而"制造"选项卡由"创建"、"二轴"、"三轴"、"多轴加工"、"孔加工"、"知识加工"、"变换轨迹"、"仿真加工"和"后置处理"等功能区面板组成，如图 0-2 所示。全新的 Fluent 风格界面拥有很高的交互效率，但为了照顾老用户的使用习惯，CAXA 制造工程师 2020 也提供了经典风格界面。在 Fluent 风格界面下的设计环境功能区空白处单击鼠标右键，弹出的菜单中勾选"切换用户界面"，或同时按下〈Ctrl+Shift+F9〉，可切换用户界面至经典风格界面。

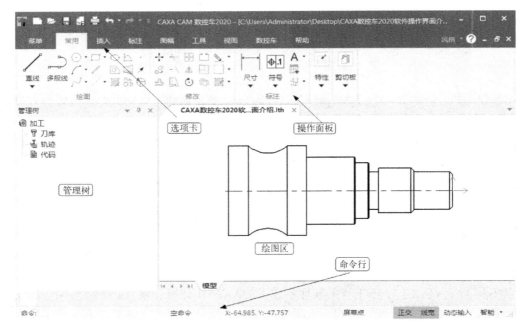

图 0-1　CAXA 数控车 2020 操作界面

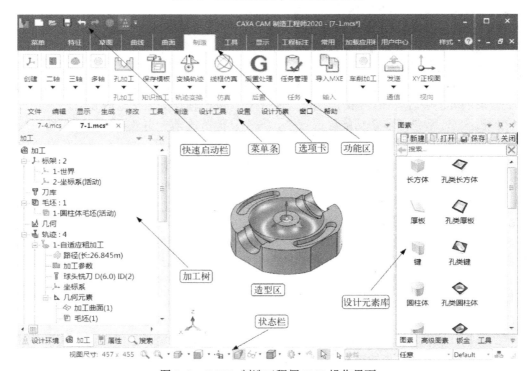

图 0-2　CAXA 制造工程师 2020 操作界面

位于窗口底部的状态栏提供操作提示、视图尺寸、单位、视向设置、设计模式选择和配置设置等内容。

本书以 CAXA 数控车 2020 和 CAXA 制造工程师 2020 的使用为基础，分两篇介绍 CAXA 数控加工自动编程技术。具体实例从零件 CAD 造型设计与自动编程加工来展开讲解，着重介绍零件的加工编程技术和操作技巧，使读者能在较短的时间内掌握 CAXA 自动编程技术，培养实体造型能力和数控加工能力。

第1篇 CAXA 数控车 2020 自动编程

第1章 阶梯轴类零件的设计与车削加工

CAXA 数控车 2020 是一款专业的数控车自动编程软件。该软件界面美观,支持 4K 高清分辨率,可以获得完美的交互体验;2020 版本中增加了管理树功能,文档中所有的刀具、数控车加工轨迹、G 代码信息等都会被记录并显示在管理树上。

本章主要通过带倒角阶梯轴类零件、前端为球形的阶梯轴类零件、等距槽轴类零件和螺纹轴类零件的绘图设计与车削加工,学习 CAXA 数控车 2020 的基本操作及绘图方法,学习 CAXA 数控车 2020 的零件外轮廓粗加工功能、零件外轮廓精加工功能、零件外轮廓切槽加工功能和零件外轮廓螺纹加工功能,学会编写阶梯轴类零件的加工程序。

◎ 技能目标
● 了解数控车床编程基础知识。
● 掌握 CAXA 数控车设计绘图方法。
● 掌握 CAXA 数控车粗加工方法。
● 掌握 CAXA 数控车精加工方法。
● 掌握 CAXA 数控车螺纹轴加工方法。
● 掌握 CAXA 数控车等距槽加工方法。

实例 1.1 带倒角阶梯轴类零件的设计与车削加工

完成如图 1-1 所示带倒角阶梯轴零件的轮廓设计及粗、精加工程序编制。零件材料为 45 钢,毛坯为 $\phi 54$ 的棒料。

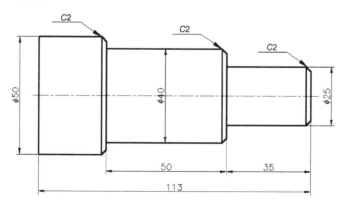

图 1-1 带倒角阶梯轴零件尺寸图

该零件为简单的带倒角阶梯轴零件。经过分析，先建立工件坐标系，延长倒角线，设置下刀点，用加工轮廓和毛坯轮廓确定加工区域。当工件的右前端为倒角时，做完端面车削后，应按照倒角的延长线切入，而不是直接由倒角点切入，这样既可以有效保护刀具，避免碰伤刀尖，也可以保证整个工件表面粗糙度的一致性。

1.1.1　零件
CAD 造型设计

1.1.1　零件 CAD 造型设计

1. 建立工件坐标系。数控车床的坐标系一般为一个二维的坐标系 *XZ*，其中 "*Z*" 为水平轴，将工作坐标系建立在工件的右端面中心位置，所以画图时应该从右向左绘制。

2. 双击桌面图标，启动 CAXA CAM 数控车 2020，在新界面 "常用" 选项卡中，单击 "绘图" 生成栏中的 "孔/轴" 按钮，用鼠标捕捉坐标零点为插入点，这时出现新的立即菜单，在 "2:起始直径" 和 "3:终止直径" 文本框中分别输入轴的直径 "25"，向左移动鼠标，则跟随着光标将出现一个长度动态变化的轴，键盘输入轴的长度 "35" 后回车，继续修改起始直径和终止直径绘制 $\phi 40$ 和 $\phi 50$ 的两段圆柱轮廓，右击 "结束" 命令，即可完成一个带有中心线的轴的绘制，如图 1-2 所示。

3. 在 "常用" 选项卡中，单击 "修改" 生成栏中的 "倒角" 按钮，在下面的立即菜单中，选择 "长度"、"裁剪"，输入倒角距离 "2"，角度 "45°"，拾取要倒角的第一条边线，拾取第二条边线，一个倒角完成，同样方法完成其他倒角绘制，然后用 "直线" 命令绘制倒角直线，如图 1-3 所示。

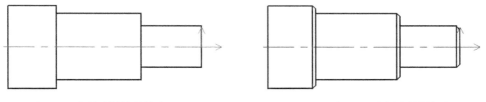

图 1-2　绘制阶梯轴外轮廓　　　　　　　　　图 1-3　绘制阶梯轴倒角

操作技巧：

CAXA CAM 数控车 2020 的经典界面与 Fluent 界面之间可以通过〈F9〉键切换。

1.1.2　零件外轮廓粗加工

CAXA 车削粗加工功能，在做轮廓粗车时首先要确定被加工轮廓和毛坯轮廓，被加工轮廓就是加工结束后的工件表面轮廓，毛坯轮廓就是加工前毛坯的表面轮廓。被加工轮廓和毛坯轮廓共同构成一个封闭的加工区域，在此区域内的材料将被加工去除。

1.1.2　零件外
轮廓粗加工

被加工轮廓和毛坯轮廓不能单独闭合或自相交。在生成粗加工轨迹时，只需绘制要加工部分的外轮廓和毛坯轮廓，组成封闭的区域（需切除部分）即可，其余线条不必画出。

1. 绘制毛坯轮廓线。在 "常用" 选项卡中，单击 "绘图" 生成栏中的 "直线" 按钮，在立即菜单中，选择 "两点线"、"连续"、"正交方式"，捕捉左角点，向上绘制 2mm，向右绘制 116mm 直线，向下绘制 27mm。完成毛坯轮廓线绘制，如图 1-4 所示。

2．绘制被加工轮廓线。在"常用"选项卡中，单击"修改"生成栏中的"延伸"按钮，单击选择目标对象，然后单击右键，选择要延伸的倒角线，该倒角线延伸后和竖线相交。单击"修改"生成栏中的"裁剪"按钮，单击剪掉不需要的线，完成被加工轮廓线绘制，如图1-5所示。

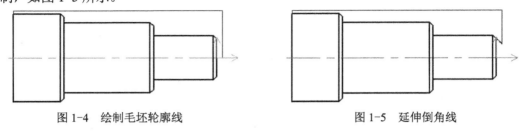

图1-4　绘制毛坯轮廓线　　　　　　　　　图1-5　延伸倒角线

毛坯轮廓线和被加工轮廓线共同构成一个封闭的加工区域，如图1-6所示。

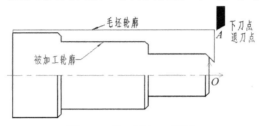

图1-6　绘制粗加工区域

3．在"数控车"选项卡中，单击"二轴加工"生成栏中的"车削粗加工"按钮，弹出"车削粗加工"对话框，如图1-7所示。该功能用于实现对工件外轮廓表面、内轮廓表面和端面的粗车加工，用来快速清除毛坯的多余部分。加工参数设置："加工表面类型"选择"外轮廓"，"加工方式"选择"行切"，"加工角度"设为"180°"，"切削行距"设为"1"，"主偏干涉角"设为"0°"，"副偏干涉角"设为"10°"，"刀尖半径补偿"选择"编程时考虑半径补偿"。

图1-7　"车削粗加工"对话框

操作技巧:

　　在软件坐标系中 X 轴正方向代表机床的 Z 轴正方向, Y 轴正方向代表机床的 X 轴正方向。本软件用加工角度将软件的 Y 向转换成机床的 ZX 向, 切外轮廓时, 刀具由右到左运动, 与机床的 Z 轴正向成 180°, 所以加工角度取 180°; 切端面时, 刀具从上到下运动, 与机床的 Z 轴正向成-90°或 270°, 所以加工角度取-90°或 270°。

　　编程时考虑半径补偿: 在生成加工轨迹时, 系统根据当前所用刀具的刀尖半径进行补偿计算。所生成代码即为已考虑半径补偿的代码, 无须机床再进行刀尖半径补偿。

　　由机床进行半径补偿: 在生成加工轨迹时, 假设刀尖半径为 0, 按轮廓编程, 不进行刀尖半径补偿计算。所生成代码在用于实际加工时应根据实际刀尖半径由机床指定补偿值。

　　主偏干涉角度设置应该取≤主偏角-90°, 副偏干涉角度设置应该取≤副偏角度。

 操作技巧:

　　行切方式相当于 G71 指令, 等距方式相当于 G73 指令, 自动编程时常用行切方式, 等距方式容易造成切削深度不同从而对刀具不利。

　　4. 进退刀方式设置。"快速退刀距离"设置为"2", "每行相对毛坯及加工表面的进、退刀方式"设置为长度"1", 夹角"45°", 如图 1-8 所示。

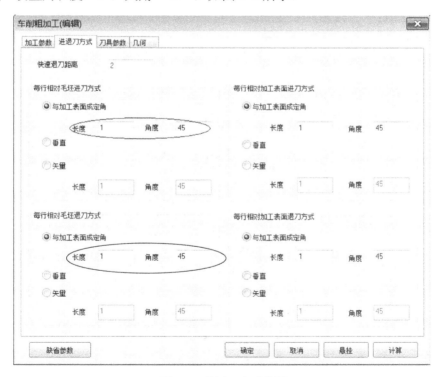

图 1-8　进退刀方式设置

　　5. 刀具参数设置。"刀尖半径"设为"0.2", "主偏角"设为"90°", "副偏角"设为"10°", "刀具偏置方向"设为"左偏", "对刀点方式"设为"刀尖尖点", "刀片类型"设为

"普通刀片"，如图 1-9 所示。

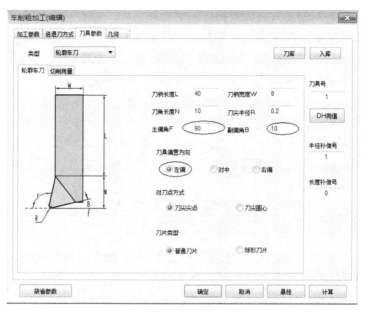

图 1-9　刀具参数设置

6. 切削用量设置。"进刀量"设为"0.3mm/rev"（mm/rev 为 mm/r），"主轴转速"设为"800rpm"（rpm 为 r/min），如图 1-10 所示。

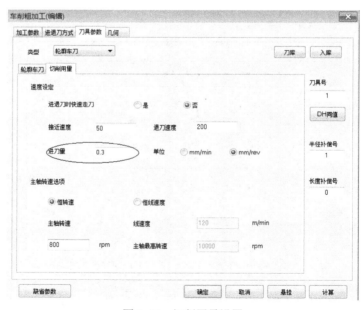

图 1-10　切削用量设置

7. 确定参数后，单击"确定"按钮退出对话框，采用单个拾取方式，拾取被加工轮廓，单击右键，拾取毛坯轮廓。毛坯轮廓拾取完后，单击右键，拾取进退刀点 A，完成上述步骤后即可生成阶梯轴零件加工轨迹，如图 1-11 所示。

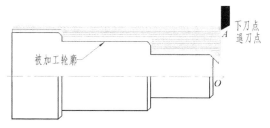

图 1-11　阶梯轴零件加工轨迹

8．在"数控车"选项卡中，单击"仿真"生成栏中的"线框仿真"按钮◎，弹出"线框仿真"对话框，如图 1-12 所示。单击"拾取"按钮，拾取加工轨迹，单击右键结束加工轨迹拾取，单击"前进"按钮，开始仿真加工过程。

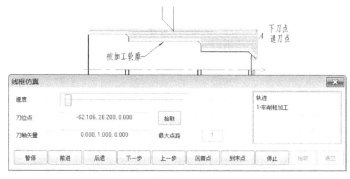

图 1-12　阶梯轴零件加工轨迹仿真

9．程序生成是根据当前数控系统的配置要求，把生成的加工轨迹转化成 G 代码数据文件，即生成 CNC 数控程序，具体操作过程如下：

在"数控车"选项卡中，单击"后置处理"生成栏中的"后置处理"按钮 **G**，弹出"后置处理"对话框，如图 1-13 所示，选择控制系统文件 Fanuc，单击"拾取"按钮，拾取加工轨迹。然后单击"后置"按钮，弹出"编辑代码"对话框，如图 1-14 所示，生成阶梯轴零件加工程序。在此也可以编辑、修改和保存此加工程序。

图 1-13　后置处理

图1-14　阶梯轴零件加工程序

1.1.3　零件外轮廓精加工

轮廓车削精加工功能实现对工件外轮廓表面、内轮廓表面和端面的精车加工。做轮廓精车时要确定被加工轮廓。被加工轮廓就是粗车结束后的工件表面轮廓，被加工轮廓不能闭合或自相交。

1.1.3　零件外轮廓精加工

1．绘制被加工轮廓，如图1-15所示。

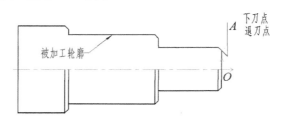

图1-15　绘制被加工轮廓

2．在"数控车"选项卡中，单击"二轴加工"生成栏中的"车削精加工"按钮，弹出"车削精加工"对话框，如图1-16所示。加工参数设置："加工表面类型"选择"外轮廓"，"反向走刀"设为"否"，"切削行距"设为"0.2"，"主偏干涉角"要求≤0°，"副偏干涉角"要求≤20°，"刀尖半径补偿"选择"编程时考虑半径补偿"，"径向余量"和"轴向余量"都设为"0"。

3．选择轮廓车刀，"刀尖半径"设为"0.2"，"主偏角"设为"90°"，"副偏角"设为"20°"，"刀具偏置方向"设为"左偏"，"对刀点"设为"刀尖尖点"，"刀片类型"设为"普通刀片"，如图1-17所示。

> 💡 **操作技巧：**
>
> 在左边的管理树中右键单击"刀库"，弹出立即菜单选择"创建刀具库"，将加工所需要的刀具设置好，在这里单击"刀库"选择所用刀具，方便操作。

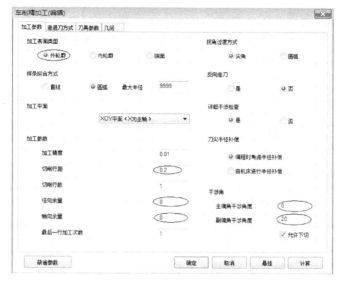

图 1-16　车削精加工参数设置

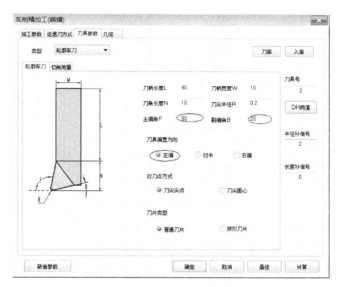

图 1-17　精车刀具参数设置

4．单击"确定"按钮退出对话框，采用单个拾取方式，拾取被加工轮廓，单击右键，拾取进退刀点 A，结果生成阶梯轴零件精加工轨迹，如图 1-18 所示。

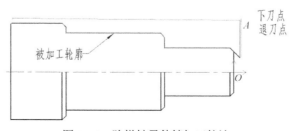

图 1-18　阶梯轴零件精加工轨迹

5. 在"数控车"选项卡中，单击"仿真"生成栏中的"线框仿真"按钮⊗，弹出"线框仿真"对话框，如图 1-19 所示，单击"拾取"按钮，拾取精加工轨迹，单击右键结束加工轨迹拾取，单击"前进"按钮，开始仿真加工过程。

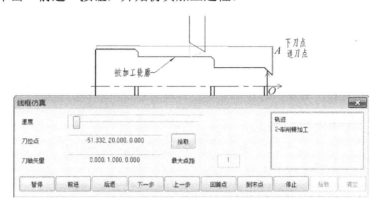

图 1-19　阶梯轴零件加工轨迹仿真

6. 在"数控车"选项卡中，单击"后置处理"生成栏中的"后置处理"按钮 **G**，弹出"后置处理"对话框，如图 1-20 所示。选择控制系统文件 Fanuc，单击"拾取"按钮，拾取精加工轨迹，然后单击"后置"按钮，弹出"编辑代码"对话框，如图 1-21 所示，生成阶梯轴零件精加工程序。在此也可以编辑、修改和保存此加工程序。

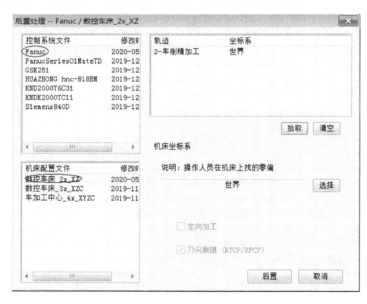

图 1-20　后置处理

 操作技巧：

在"编辑代码"对话框中，可以检查、修改软件自动编写的程序，单击"另存文件"按钮，可以将程序文件保存，文件扩展名为 cut。

图 1-21　阶梯轴零件精加工程序

实例 1.2　前端为球形的阶梯轴类零件的设计与车削加工

完成如图 1-22 所示前端为球形的阶梯轴类零件的轮廓设计与车削加工程序编制。零件材料为 45 钢，毛坯为 $\phi 54$ 的棒料。

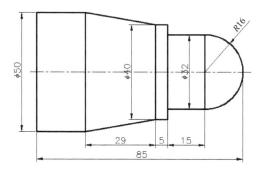

图 1-22　阶梯轴零件尺寸图

该零件的右端是个球形，为了有效地防止加工过程中零件头部出现残留，则必须按照圆弧切入。所以先建立工件坐标系，绘制与 R16 相切的圆弧，以圆弧过渡方式切入，如图 1-26 中从 B 圆弧过渡到 O 点，再做连续圆弧加工零件。设 A 点为进退刀点，用被加工轮廓和毛坯轮廓确定加工区域。用轮廓车削粗加工功能做外轮廓粗车加工，用轮廓车削精加工功能做外轮廓精车加工。

1.2.1　零件 CAD 造型设计

1.2.1　零件 CAD 造型设计

1. 双击桌面图标■，启动 CAXA CAM 数控车 2020，在"常用"选项卡中，单击"绘图"生成栏中的"孔/轴"按钮■，用鼠标捕捉坐标零点为插入点，这时出现新的立即菜单，在"2:起始直径"和"3:终止直径"文本框中分别输入轴的直径"32"，向左移动鼠标，则跟随着光标将出现一个长度动态变化的轴，键盘输入轴的长度"31"后回车，继续修改起始直径和终止直径绘制 $\phi40$ 和 $\phi50$ 的两段圆柱轮廓，右击"结束"命令，即可完成一个带有中心线的轴的绘制，如图 1-23 所示。

2．在"常用"选项卡中，单击"绘图"生成栏中的"圆"按钮○，选择"圆心-半径方式"，输入圆心坐标（-16,0），输入半径"16"，回车，完成 R16 圆的绘制。单击"修改"生成栏中的"裁剪"按钮，单击多余线，裁剪结果如图 1-24 所示。

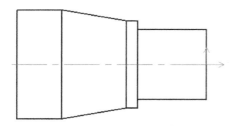
图 1-23 绘制阶梯轴轮廓线

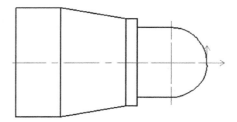
图 1-24 绘制 R16 圆弧线

3．在"常用"选项卡中，单击"绘图"生成栏中的"圆"按钮○，选择"圆心-半径方式"，输入圆心坐标（3,0），输入半径"3"，回车，完成 R3 圆的绘制。单击"修改"生成栏中的"裁剪"按钮，单击多余线，裁剪结果如图 1-25 所示。

> **操作技巧：**
>
> 绘制 R3 过渡圆弧，保证刀具以圆弧相切方式切入 R16 圆弧，提高切入点的表面加工质量。

1.2.2 零件外轮廓粗加工

1.2.2 零件外轮廓粗加工

1．在"常用"选项卡中，单击"绘图"生成栏中的"直线"按钮，在立即菜单中，选择"两点线"、"连续"、"正交方式"，捕捉左上角点，向上绘制 2mm，向右绘制 89mm 直线，连接 A、B 两点，完成毛坯轮廓线绘制，如图 1-26 所示。

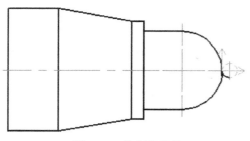
图 1-25 绘制轮廓线

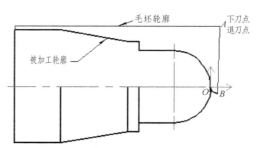
图 1-26 绘制辅助线

2．在"数控车"选项卡中，单击"创建刀具"按钮，系统弹出"创建刀具"对话框，创建粗加工轮廓车刀，"刀尖半径"设为"0.4"，"主偏角"设为"93°"，"副偏角"设为"32°"，"刀具号"设为"1"，"半径补偿号"设为"1"，如图 1-27 所示。新创建的刀具列表会显示在绘图区左侧的管理树刀库节点下。双击刀库节点下的刀具节点，可以弹出"编辑刀具"对话框，来改变刀具参数。

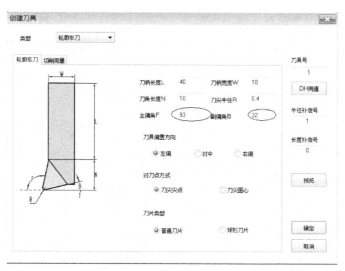

图 1-27　创建粗加工轮廓车刀

3．在"数控车"选项卡中，单击"创建刀具"按钮 🔧 ，系统弹出"创建刀具"对话框，创建精加工轮廓车刀，刀尖半径设为"0.2"，主偏角设为"93°"，副偏角设为"32°"，刀具号设为"2"，半径补偿号设为"2"，如图 1-28 所示。

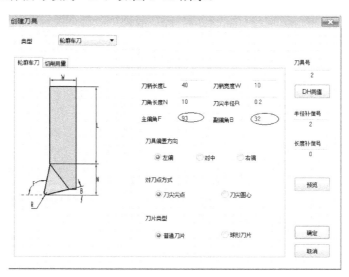

图 1-28　创建精加工轮廓车刀

4．在"数控车"选项卡中，单击"二轴加工"生成栏中的"车削粗加工"按钮 🔲 ，弹出"车削粗加工"对话框，如图 1-29 所示。加工参数设置如下："加工表面类型"选择"外轮廓"，"加工方式"选择"行切"，加工角度设为"180°"，切削行距设为"1"，主偏干涉角要求≤3°，副偏干涉角要求≤32°，"刀尖半径补偿"选择"编程时考虑半径补偿"，"拐角过渡方式"设为"圆弧"过渡。

5．单击"车削粗加工"对话框中的"刀具参数"，进行粗车刀具参数设置，如图 1-30 所示，单击"刀库"按钮，弹出"刀具库"对话框，如图 1-31 所示，选择 1 号轮廓车刀。

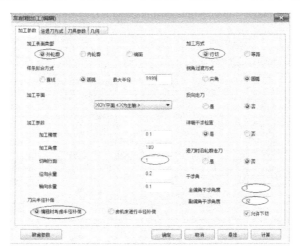

图 1-29　车削粗加工参数设置

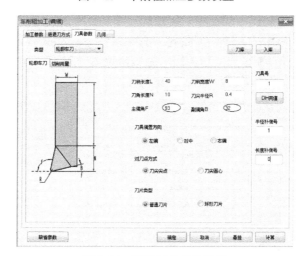

图 1-30　粗车刀具参数设置

图 1-31　"刀具库"对话框

6．单击"确定"按钮退出对话框，采用单个拾取方式，拾取被加工轮廓，单击右键，拾取毛坯轮廓，毛坯轮廓拾取完后，单击右键，拾取进退刀点 A，生成零件外轮廓加工轨迹，如图 1-32 所示。

7．在"数控车"选项卡中，单击"仿真"生成栏中的"线框仿真"按钮，弹出"线框仿真"对话框，如图 1-33 所示，单击"拾取"按

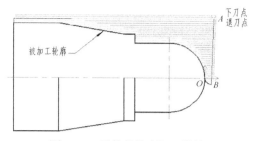

图 1-32　零件外轮廓加工轨迹

钮，拾取加工轨迹，单击右键结束加工轨迹拾取，单击"前进"按钮，开始仿真加工过程。

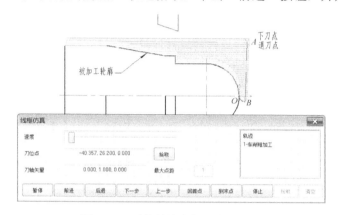

图 1-33　零件外轮廓加工轨迹仿真

8．在"数控车"选项卡中，单击"后置处理"生成栏中的"后置处理"按钮 **G**，弹出"后置处理"对话框，如图 1-34 所示，选择控制系统文件 Fanuc，单击"拾取"按钮，拾取加工轨迹，然后单击"后置"按钮，弹出"编辑代码"对话框，如图 1-35 所示，生成零件外轮廓加工程序。

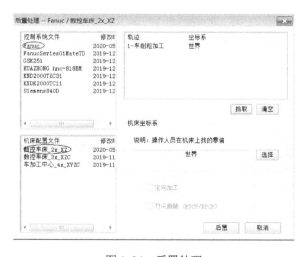

图 1-34　后置处理

图 1-35　零件外轮廓加工程序

1.2.3　零件外轮廓精加工

1.绘制被加工轮廓,如图 1-36 所示。

1.2.3　零件外轮廓精加工

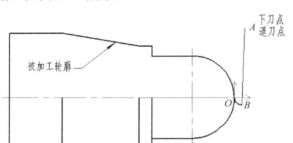

图 1-36　绘制被加工轮廓

2.在"数控车"选项卡中,单击"二轴加工"生成栏中的"车削精加工"按钮,弹出"车削精加工"对话框,如图 1-37 所示。加工参数设置如下:"加工表面类型"选择"外轮廓","反向走刀"设为"否","切削行距"设为"0.2","主偏干涉角"要求≤3°,"副偏干涉角"要求≤32°,"刀尖半径补偿"选择"编程时考虑半径补偿","径向余量"和"轴向余量"都设为"0"。

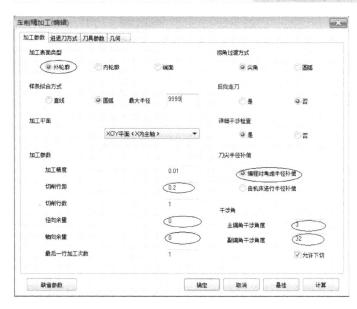

图 1-37　车削精加工参数设置

3．单击"车削精加工"对话框中的"刀具参数"，如图 1-38 所示，进行精车刀具参数设置，单击"刀库"按钮，弹出"刀具库"对话框，选择 2 号轮廓车刀。

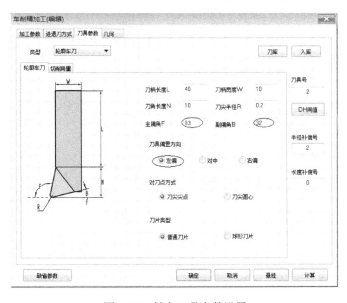

图 1-38　精车刀具参数设置

4．单击"确定"按钮退出对话框，采用单个拾取方式，拾取被加工轮廓，单击右键，拾取进退刀点 *A*，结果生成阶梯轴零件精加工轨迹，如图 1-39 所示。

5．在"数控车"选项卡中，单击"仿真"生成栏中的"线框仿真"按钮，弹出"线框仿真"对话框，如图 1-40 所示，单击"拾取"按钮，拾取精加工轨迹，单击右键结束加工轨迹拾取，单击"前进"按钮，开始仿真加工过程。

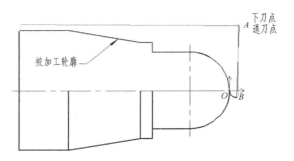

图1-39　阶梯轴零件精加工轨迹

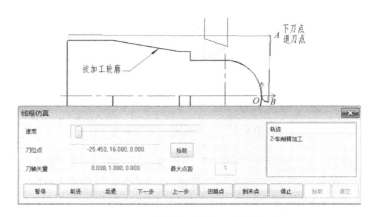

图1-40　阶梯轴零件加工轨迹仿真

6．在"数控车"选项卡中，单击"后置处理"生成栏中的"后置处理"按钮**G**，弹出"后置处理"对话框，如图1-41所示，选择控制系统文件Fanuc，单击"拾取"按钮，拾取精加工轨迹，然后单击"后置"按钮，弹出"编辑代码"对话框，如图1-42所示，生成阶梯轴零件精加工程序。在此也可以编辑、修改和保存此加工程序。

图1-41　后置处理

```
%
O1200
N10 T0202
N12 G50 S2200
N14 G97 S800 M03
N16 M08
N18 G00 X54. Z4.
N20 G00 X55.414 Z3.507
N22 G95 G01 X-4.586 F5.
N24 G01 X-6. Z2.8
N26 G02 X-0.4 Z0. I2.8 K0. F0.15
N28 G03 X32. Z-16.2 I0. K-16.2
N30 G01 Z-31.
N32 G01 X40.
N34 G01 Z-36.183
N36 G01 X50. Z-65.183
N38 G01 Z-85.2
N40 G01 X51.414 Z-84.493 F20.
N42 G01 X55.414
N44 G00
N46 G00 X54. Z4.
N48 M09
N50 M05
N52 M30
%
```

图 1-42　阶梯轴零件精加工程序

实例 1.3　等距槽轴类零件的设计与车削加工

完成如图 1-43 所示等距槽轴类零件的设计、轮廓粗加工和切槽加工程序编制。零件材料为 45 钢，毛坯为 φ50 的棒料。

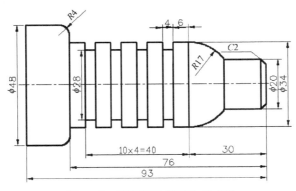

图 1-43　等距槽轴类零件尺寸图

该零件是简单外圆面切槽加工，根据加工要求选择刀具与切削用量，利用轮廓粗加工、轮廓精加工和切槽加工完成。

1.3.1　零件 CAD 造型设计

1.3.1　零件 CAD 造型设计

1．在"常用"选项卡中，单击"绘图"生成栏中的"孔/轴"按钮，用鼠标捕捉坐标零点为插入点，这时出现新的立即菜单，在"2:起始直径"和"3:终止直径"文本框中分别输入轴的直径"20"，移动鼠标，则跟随着光标将出现一个长度动态变化的轴，键盘输入轴的长度"30"。继续输入其他轴段的直径和长度，右击结束命令，即可完成一个带有中心线的轴的外轮廓线绘制，如图 1-44 所示。

2．在"常用"选项卡中，单击"修改"生成栏中的"倒角"按钮，在下面的立即菜单中，选择"长度"、"裁剪"，输入倒角距离"2"，角度设为"45°"，拾取要倒角的第一条边线，再拾取第二条边线，倒角完成，如图 1-45 所示。

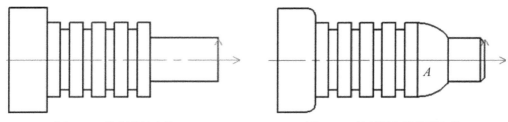

图 1-44　绘制外轮廓线　　　　　图 1-45　绘制倒角线及圆角线

3．在"常用"选项卡中，单击"修改"生成栏中的"过渡"按钮⬜，在下面的立即菜单中，选择"圆角"、"裁剪"，输入过渡半径"4"，拾取要过渡的第一条边线，再拾取第二条边线，过渡完成，如图 1-45 所示。

4．在"常用"选项卡中，单击"绘图"生成栏中的"圆"按钮○，选择"圆心-半径"方式，捕捉交点为圆心，输入半径"17"，回车，完成 $R17$ 圆的绘制。单击"修改"生成栏中的"裁剪"按钮，单击多余线，裁剪结果如图 1-45 所示。

> 📛 **操作技巧：**
> 在绘图操作中，单击鼠标右键可以重复上次执行的命令，这样可以提高绘图速度。

1.3.2　零件外轮廓粗加工

1．在"常用"选项卡中，单击"修改"生成栏中的"延伸"按钮，单击选择目标对象，然后单击右键，选择要延伸的倒角线，该倒角线延伸后和竖线相交。单击"修改"生成栏中的"裁剪"按钮，单击剪掉不需要的线，完成被加工轮廓线的绘制，如图 1-46 所示。

2．在"常用"选项卡中，单击"绘图"生成栏中的"直线"按钮／，在下面的立即菜单中，选择"两点线"、"连续"、"正交"方式，捕捉左角点，向上绘制 2mm，向右绘制 96mm 直线，确定进退刀点 A。完成毛坯轮廓线的绘制，裁剪与加工轮廓相连的多余线，如图 1-47 所示。

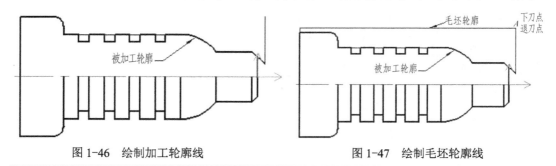

图 1-46　绘制加工轮廓线　　　　　图 1-47　绘制毛坯轮廓线

> 📛 **操作技巧：**
> 在生成粗加工轨迹时，只需绘制要加工部分的轮廓和毛坯轮廓，组成封闭的区域即可，其余线条不必画出。

3．在"数控车"选项卡中，单击"二轴加工"生成栏中的"车削粗加工"按钮，弹出"车削粗加工"对话框，如图 1-48 所示。加工参数设置如下："加工表面类型"选择"外轮廓"，"加工方式"选择"行切"，"加工角度"设为"180°"，"切削行距"设为"0.5"，"主偏角干涉角度"设为"0"，"副偏角干涉角度"设为"6"，"刀尖半径补偿"选择"编程时考虑半径补偿"。

图 1-48　车削粗加工参数设置

4．进退刀方式和刀具参数设置如下：快速进退刀距离设置为"2"。每行相对毛坯及加工表面的快速进退刀方式设置为"长度 1"、"夹角 45"。"类型"选择"轮廓车刀"，"刀尖半径"设为"0.8"，"主偏角"设为"90"，"副偏角"设为"6"，"刀具偏置方向"设为"左偏"，"对刀点"设为"刀尖尖点"，"刀片类型"设为"普通刀片"，如图 1-49 所示。

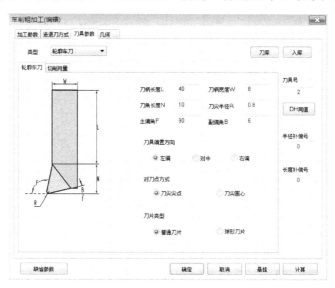

图 1-49　刀具参数设置

操作技巧：

　　刀尖圆弧半径要求：粗车为 0.4～1mm，精车为 0.2～0.4mm。

　　5．单击"确定"按钮退出对话框，采用单个拾取方式，拾取被加工轮廓，单击右键，拾取毛坯轮廓，毛坯轮廓拾取完后，单击右键，拾取进退刀点 *A*，系统会自动生成刀具轨迹，如图 1-50 所示。

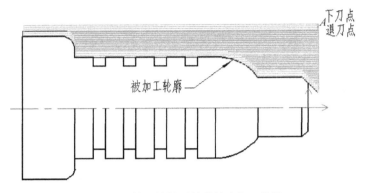

图 1-50　等距槽轴零件外轮廓加工轨迹

　　6．在"数控车"选项卡中，单击"仿真"生成栏中的"线框仿真"按钮⊗，弹出"线框仿真"对话框，如图 1-51 所示，单击"拾取"按钮，拾取加工轨迹，单击右键结束加工轨迹拾取，然后单击"前进"按钮，开始仿真加工过程。

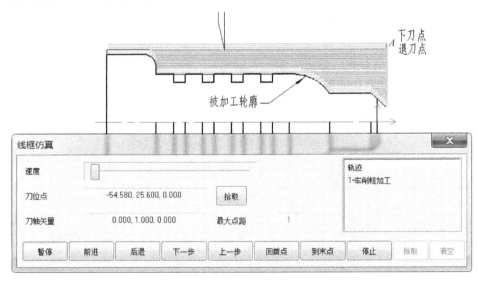

图 1-51　零件外轮廓加工轨迹仿真

　　7．在"数控车"选项卡中，单击"后置处理"生成栏中的"后置处理"按钮 **G**，弹出"后置处理"对话框，选择控制系统文件 Fanuc，单击"拾取"按钮，拾取加工轨迹，然后单击"后置"按钮，弹出"编辑代码"对话框，如图 1-52 所示，生成零件外轮廓加工程序。

图 1-52　零件外轮廓加工程序

1.3.3　零件外轮廓精加工

1.3.3　零件外轮廓精加工

1．对前面粗加工轮廓和毛坯轮廓做适当修改，只保留被加工轮廓。

2．在"数控车"选项卡中，单击"二轴加工"生成栏中的"车削精加工"按钮，弹出"车削精加工"对话框，如图 1-53 所示。加工参数设置如下："加工表面类型"选择"外轮廓"，"反向走刀"设为"否"，"切削行距"设为"0.2"，"主偏干涉角"设为"0°"，"副偏干涉角"设为"15°"，"刀尖半径补偿"选择"编程时考虑半径补偿"，"径向余量"和"轴向余量"都设为"0"。

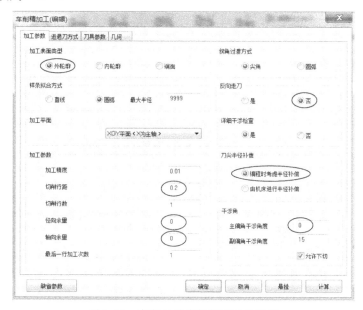

图 1-53　车削外轮廓精加工参数设置

3．刀具参数设置如下："类型"选择"轮廓车刀"，"刀尖半径"设为"0.2"，"主偏角"设为"90°"，"副偏角"设为"15°"，"刀具偏置方向"设为"左偏"，"对刀点"设为"刀尖尖点"，"刀片类型"设为"普通刀片"，如图1-54所示。

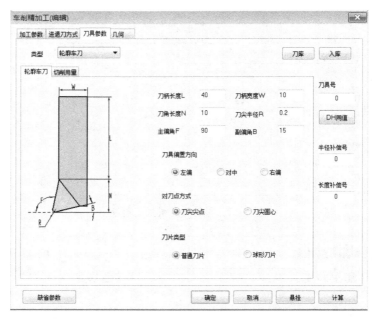

图1-54　精车刀具参数设置

4．单击"确定"按钮退出对话框，采用单个拾取方式，拾取被加工轮廓，单击右键，拾取进退刀点 A，结果生成零件外轮廓精加工轨迹，如图1-55所示。

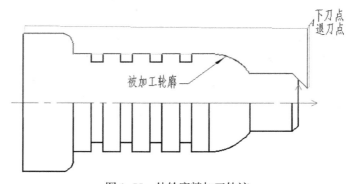

图1-55　外轮廓精加工轨迹

5．在"数控车"选项卡中，单击"仿真"生成栏中的"线框仿真"按钮⊗，弹出"线框仿真"对话框，如图1-56所示，单击"拾取"按钮，拾取精加工轨迹，单击右键结束加工轨迹拾取，单击"前进"按钮，开始仿真加工过程。

6．在"数控车"选项卡中，单击"后置处理"生成栏中的"后置处理"按钮**G**，弹出"后置处理"对话框，选择控制系统文件Fanuc，单击"拾取"按钮，拾取精加工轨迹，然后单击"后置"按钮，弹出"编辑代码"对话框，如图1-57所示，生成等距槽轴零件精加工程序。

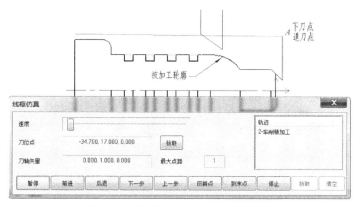

图 1-56　等距槽轴零件加工轨迹仿真

图 1-57　等距槽轴零件精加工程序

1.3.4　零件外轮廓切槽加工

1.3.4　零件外
轮廓切槽加工

1．对前面粗加工轮廓做适当修改，只保留切槽加工轮廓，不能让刀具开始切的时候就落在 $\phi34$ 的外圆上方，将槽的左右轮廓线向上延伸 2mm，确定进退刀点 A，如图 1-58 所示。

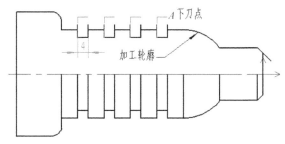

图 1-58　切槽加工轮廓

2．在"数控车"选项卡中，单击"二轴加工"生成栏中的"车削槽加工"按钮，弹出"车削槽加工"对话框，如图 1-59 所示。加工参数设置如下："切槽表面类型"选择"外轮廓"，"加工方向"选择"纵深"，"加工余量"设为"0"，"切深行距"设为"0.5"，"退刀距离"设为"1"，"刀尖半径补偿"选择"编程时考虑半径补偿"。

图 1-59　加工参数设置

3．刀具参数设置如下：选择宽度 4mm 的切槽刀，"刀尖半径"设为"0.2"，"刀具位置"设为"3"，"编程刀位"选择"前刀尖"，如图 1-60 所示。

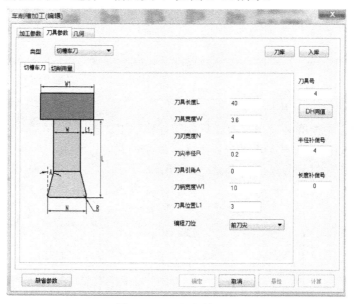

图 1-60　刀具参数设置

4．切削用量设置如下：进刀量 0.02mm/rev，主轴转速为 500rpm，单击"确定"按钮退出对话框，采用单个拾取方式，拾取被加工轮廓，单击右键，拾取进退刀点 A，结果生成切槽加工轨迹，如图 1-61 所示。

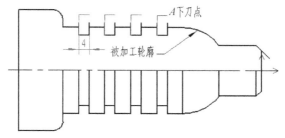

图 1-61　切槽加工轨迹

5．在"数控车"选项卡中，单击"后置处理"生成栏中的"后置处理"按钮 **G**，弹出"后置处理"对话框，选择控制系统文件 Fanuc，单击"拾取"按钮，拾取四个切槽加工轨迹，如图 1-62 所示，然后单击"后置"按钮，弹出"编辑代码"对话框，如图 1-63 所示，系统会自动生成切槽加工程序。

图 1-62　后置处理

图 1-63　切槽加工程序

实例 1.4　螺纹轴类零件的设计与车削加工

设计如图 1-64 所示零件的造型并编写加工程序，该零件毛坯是 ϕ30 的棒料，材料为 45 钢。

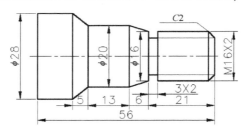

图 1-64　零件图

这是一个简单阶梯轴带螺纹加工，根据加工要求选择刀具与切削用量，按照普通外螺纹的车削加工流程：车端面→粗精车螺纹大径→车退刀槽→车螺纹，来完成该零件的加工编程。

外轮廓加工选择 90°外圆偏刀，切槽刀刀宽为 3mm，螺纹加工选择 60°螺纹刀，如图 1-65 所示。

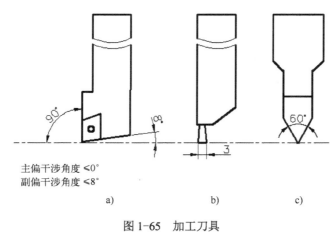

主偏干涉角度 <0°
副偏干涉角度 <8°

a)　　　　　　　b)　　　　　　　c)

图 1-65　加工刀具

a) 外轮廓刀具　b) 切槽刀　c) 螺纹刀

1.4.1　零件 CAD 造型设计

1. 在"常用"选项卡中，单击"绘图"生成栏中的"孔/轴"按钮，用鼠标捕捉坐标零点为插入点，这时出现新的立即菜单，

1.4.1　零件
CAD 造型设计

在"2:起始直径"和"3:终止直径"文本框中分别输入轴的直径"16"，移动鼠标，则跟随着光标将出现一个长度动态变化的轴，键盘输入轴的长度"19"。继续输入其他轴段的直径和长度，右击结束命令，即可完成一个带有中心线的轴零件轮廓的绘制，如图 1-66 所示。

2. 在"常用"选项卡中，单击"修改"生成栏中的"倒角"按钮，在下面的立即菜单中，选择"长度"、"裁剪"，输入倒角距离"2"，角度"45°"，拾取要倒角的第一条边线，再拾取第二条边线，倒角完成，如图 1-67 所示。

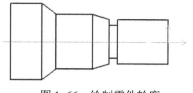

图 1-66　绘制零件轮廓

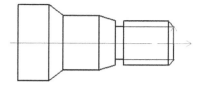

图 1-67　绘制倒角

1.4.2　零件外轮廓粗加工

1.4.2　零件外轮廓粗加工

1．在"常用"选项卡中，单击"修改"生成栏中的"裁剪"按钮，单击裁剪多余线，裁剪与加工轮廓相连的线，裁剪结果如图 1-68 所示。

2．在"常用"选项卡中，单击"绘图"生成栏中的"直线"按钮，在下面的立即菜单中，选择"两点线"、"连续"、"正交"方式，捕捉左角点，向上绘制 2mm，向右绘制 59mm 直线，确定进退刀点 A。使倒角延长线与竖线相交，完成毛坯轮廓线的绘制，如图 1-69 所示。

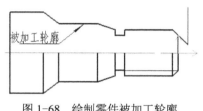

图 1-68　绘制零件被加工轮廓

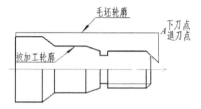

图 1-69　绘制毛坯轮廓

3．在"数控车"选项卡中，单击"二轴加工"生成栏中的"车削粗加工"按钮，弹出"车削粗加工"对话框，如图 1-70 所示。加工参数设置如下："加工表面类型"选择"外轮廓"，"加工方式"选择"行切"，"加工角度"设为"180°"，"切削行距"设为"1"，"主偏干涉角"设为"0°"，"副偏干涉角"设为"8°"，"刀尖半径补偿"选择"编程时考虑半径补偿"。

图 1-70　车削粗加工参数设置

4．进退刀方式和刀具参数设置如下："快速进退刀距离"设置为"2"。每行相对毛坯及加工表面的快速进退刀方式设置为"长度1"、"夹角45°"。选择"轮廓车刀"，"刀尖半径"设为"0.4"，"主偏角"设为"90°"，"副偏角"设为"8°"，"刀具偏置方向"为"左偏"，"对刀点"设为"刀尖尖点"，"刀片类型"设为"普通刀片"，如图1-71所示。

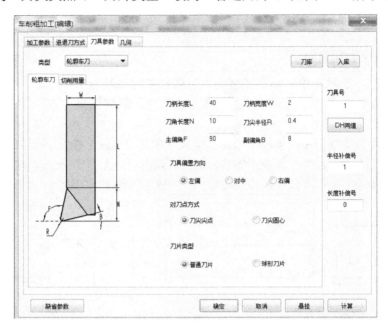

图1-71　刀具参数设置

操作技巧：
　　主偏干涉角应≤主偏角-90°，副偏干涉角应≤副偏角。

5．单击"确定"按钮退出对话框，采用单个拾取方式，拾取被加工轮廓，如图1-72所示。

单击右键，拾取毛坯轮廓，毛坯轮廓拾取完后，再单击鼠标右键，拾取进退刀点 A，系统会自动生成刀具轨迹，如图1-73所示。

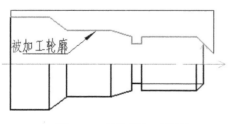

图1-72　拾取被加工轮廓

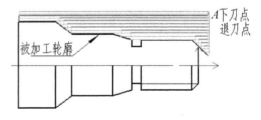

图1-73　外轮廓粗加工轨迹

6．在"数控车"选项卡中，单击"后置处理"生成栏中的"后置处理"按钮 **G**，弹出"后置处理"对话框，选择控制系统文件 Fanuc，单击"拾取"按钮，拾取加工轨迹，然后单击"后置"按钮，弹出"编辑代码"对话框，如图1-74所示，生成零件外轮廓粗加工程序。

图 1-74 零件外轮廓粗加工程序

1.4.3 零件外轮廓切槽加工

1.4.3 零件外轮廓切槽加工

1．对前面粗加工轮廓做适当修改，只保留切槽加工轮廓，并将槽的左右边线向上延长 2mm，确定进退刀点 B，如图 1-75 所示。

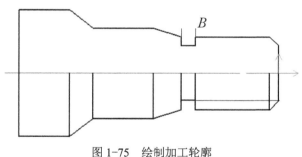

图 1-75 绘制加工轮廓

> **操作技巧：**
>
> 在螺纹槽加工时，为了保证加工质量，需要将槽两侧延长或者作圆弧切入辅助线。

2．在"数控车"选项卡中，单击"二轴加工"生成栏中的"车削槽加工"按钮，弹出"车削槽加工"对话框，如图 1-76 所示，设置加工参数如下："切槽表面类型"选择"外轮廓"，"加工方向"选择"纵深"，"加工余量"设为"0"，"切深行距"设为"0.2"，"退刀距离"设为"1"，"刀尖半径补偿"选择"编程时考虑半径补偿"。

3．在"刀具参数"选项卡中，选择宽度 3mm 的切槽刀，"刀尖半径"设为"0.2"，"刀具位置"设为"0"，"编程刀位"选择"前刀尖"。切削用量设置如下：进刀量 20mm/min，主轴转速 800rpm，如图 1-77 所示。单击"确定"按钮退出对话框，采用单个拾取方式，拾取被加工轮廓，单击右键，拾取进退刀点 B，结果生成切槽加工轨迹，如图 1-78 所示。

图 1-76 车削槽加工参数设置

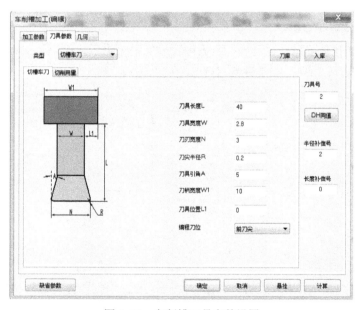

图 1-77 车削槽刀具参数设置

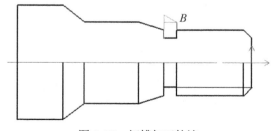

图 1-78 切槽加工轨迹

4. 在"数控车"选项卡中，单击"后置处理"生成栏中的"后置处理"按钮 **G**，弹出"后置处理"对话框，选择控制系统文件 Fanuc，单击"拾取"按钮，拾取加工轨迹，然后单击"后置"按钮，弹出"编辑代码"对话框，如图 1-79 所示，系统会自动生成切槽加工程序。

图 1-79　切槽加工程序

1.4.4　零件外轮廓螺纹加工

1.4.4　零件外轮廓螺纹加工

1. 在"常用"选项卡中，单击"绘图"生成栏中的"直线"按钮 ／，在下面的立即菜单中，选择"两点线"、"连续"、"正交"方式，捕捉螺纹线左端点，向左绘制 2mm 到 B 点，然后捕捉螺纹线右端点，向右绘制 3mm 到 A 点，确定进退刀点 A，如图 1-80 所示。

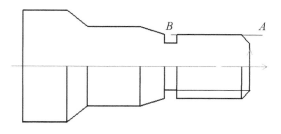

图 1-80　绘制螺纹加工长度线

 操作技巧：

在数控车床上车螺纹时，沿螺距方向的 Z 向进给应和车床主轴的旋转保持严格的速比关系，因此应避免在进给机构加速或减速的过程中切削螺纹，所以要设置切入量和切出量，避免螺纹错牙。车削螺纹时的切入量一般设为 2mm～5mm，切出量一般设为 0.5mm～2.5mm。

2. 在"数控车"选项卡中，单击"后置处理"生成栏中的"后置设置"按钮，弹出"后置设置"对话框，如图 1-81 所示。通常可按自己的需要更改已有机床的后置设置。如图 1-82 所示车削后置设置，可进行速度设置和螺纹设置，如加工恒螺距螺纹代码原来为 G33，可改为 G32。

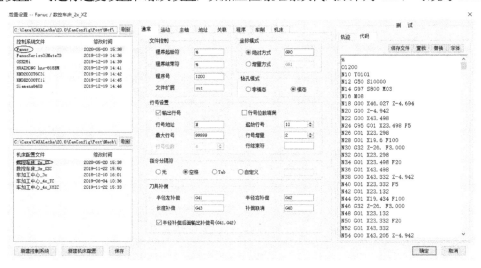

图 1-81　后置设置

图 1-82　车削后置设置

3. 在"数控车"选项卡中，单击"二轴加工"生成栏中的"车螺纹加工"按钮，弹出"车螺纹加工"对话框，如图 1-83 所示。设置螺纹参数如下：选择"螺纹类型"为"外螺纹"，拾取螺纹加工起点 A，拾取螺纹加工终点 B，拾取螺纹加工进退刀点 A，"螺纹节距"设为"2"，"螺纹牙高"设为"1.299"，"螺纹头数"设为"1"。

⚡ 操作技巧：

这里的螺纹加工方式是生成 G32 指令的螺纹加工程序。螺纹小径的计算方式是大径 $D-1.3P$（P 表示螺距），螺纹牙高等于 0.6495×2。

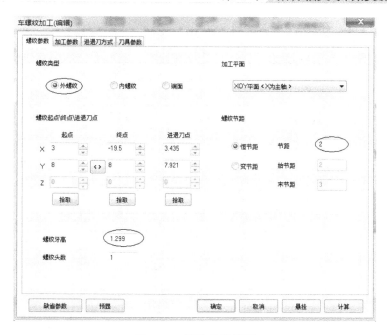

图 1-83 螺纹参数设置

4. 单击"加工参数"选项卡,设置螺纹加工参数如下:"加工工艺"选择"粗加工+精加工","粗加工深度为"1.299","每行切削用量"选择"恒定切削面积",第一刀行距为"0.6",最小行距为"0.1","每行切入方式"选择"沿牙槽中心线",如图 1-84 所示。

图 1-84 加工参数设置

> **操作技巧：**
>
> 沿牙槽中心线进刀：垂直进刀，两刀刃同时车削，适用于小螺距螺纹的加工。
>
> 左右交替法：垂直进刀+小刀架，左右移动，只有一条刀刃切削，适用于所有螺距螺纹的加工。
>
> 沿牙槽右侧进刀：垂直进刀+小刀架，向一个方向移动，适用于较大螺距螺纹的粗加工。

由于螺纹车削加工为成型车削，刀具强度较差，且切削进给量较大，刀具所受切削力也很大，所以，一般要求分数次进给加工，并按递减趋势选择相对合理的切削深度。表 1-1 列出了常见米制螺纹切削的进给次数和切削深度参考值，供读者查阅。

表 1-1　常见米制螺纹切削的进给次数和切削深度

螺距	牙深 （半径值）	切削深度（直径值）								
		1 次	2 次	3 次	4 次	5 次	6 次	7 次	8 次	9 次
1.0	0.649	0.7	0.4	0.2						
1.5	0.974	0.8	0.6	0.4	0.16					
2.0	1.299	0.9	0.6	0.6	0.4	0.1				
2.5	1.624	1.0	0.7	0.6	0.4	0.4	0.15			
3.0	1.949	1.2	0.7	0.6	0.4	0.4	0.4	0.2		
3.5	2.273	1.5	0.7	0.6	0.6	0.4	0.4	0.2	0.15	
4.0	2.598	1.5	0.8	0.6	0.6	0.4	0.4	0.4	0.3	0.2

5．单击"刀具参数"选项卡，设置螺纹加工刀具参数如下："刀具角度"设为"60°"，"刀具种类"选择"米制螺纹"，如图 1-85 所示。

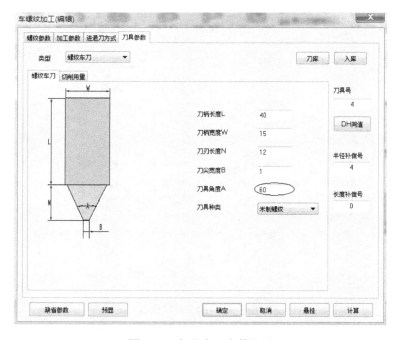

图 1-85　螺纹车刀参数设置

6．单击"切削用量"选项卡，设置切削用量参数如下："进刀量"设为"0.2mm/rev"，选择"恒转速"，"主轴转速"设为"520"rpm，如图 1-86 所示。

图 1-86　切削用量参数设置

7．单击"确定"按钮退出"车螺纹加工"对话框，系统自动生成螺纹加工轨迹，如图 1-87 所示。

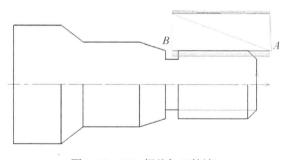

图 1-87　G32 螺纹加工轨迹

8．在"数控车"选项卡中，单击"仿真"生成栏中的"线框仿真"按钮⊗，弹出"线框仿真"对话框，如图 1-88 所示。单击"拾取"按钮，拾取螺纹加工轨迹，单击右键结束加工轨迹拾取，单击"前进"按钮，开始仿真加工过程。

9．在"数控车"选项卡中，单击"后置处理"生成栏中的"后置处理"按钮**G**，弹出"后置处理"对话框。选择控制系统文件 Fanuc，单击"拾取"按钮，拾取加工轨迹，然后单击"后置"按钮，弹出"编辑代码"对话框，系统会自动生成螺纹加工程序，如图 1-89 所示。

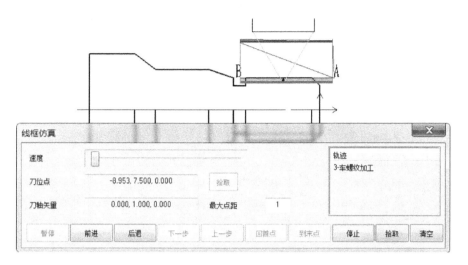

图 1-88　螺纹加工仿真

图 1-89　螺纹加工程序

课后练习

1. 加工如图 1-90、图 1-91 所示零件。根据图样尺寸及技术要求，完成外轮廓粗精加工程序和螺纹加工程序。

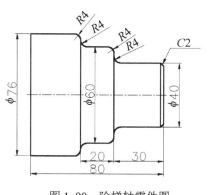

图 1-90　阶梯轴零件图

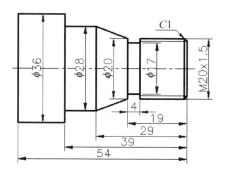

图 1-91　轴类零件练习图

2. 如图 1-92 所示工件，毛坯为 ϕ35mm×100mm 的 45 钢棒料，确定其加工工艺并编写外轮廓加工程序。

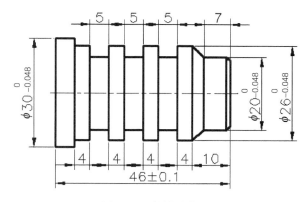

图 1-92　轴槽零件图

第2章　典型零件的设计与车削加工

CAXA 数控车是在全新的数控加工平台上开发的数控车床加工编程和二维图形设计软件，不仅能加工常用轴类零件内外轮廓，而且还能加工端面槽及异形螺纹。

本章主要通过轴套类零件、套筒类零件、锯齿牙型异形螺纹件和圆弧牙型异形螺纹件的绘图设计与车削加工实例，学习 CAXA 数控车 2020 常用绘图和编辑方法，以及外轮廓粗加工、内轮廓粗加工、内螺纹粗加工、端面槽粗精车和异形螺纹的加工功能，学会编写典型零件的数控车削加工程序。

◎ **技能目标**
- 了解数控车床常用绘图及编辑方法。
- 掌握 CAXA 数控车内轮廓粗精加工方法。
- 掌握 CAXA 数控车端面槽加工方法。
- 掌握 CAXA 数控车端面轮廓粗加工方法。
- 掌握 CAXA 数控车内螺纹加工方法。
- 掌握 CAXA 数控车异形螺纹车削加工方法。

实例 2.1　轴套类零件的设计与车削加工

完成如图 2-1 所示轴套类零件的造型、左端内轮廓螺纹加工和右端内轮廓粗加工。

该零件为轴套类零件，内孔和内槽已经加工完成，只需要加工右端内轮廓和左端内螺纹，主要用内轮廓粗加工功能，由于内轮廓有圆弧面，所以采用 35°的尖刀对中等距加工。

2.1.1　零件 CAD 造型设计

1. 在"常用"选项卡中，单击"绘图"生成栏中的"孔/轴"按钮，用鼠标捕捉右边中心点，

2.1.1　零件 CAD 造型设计

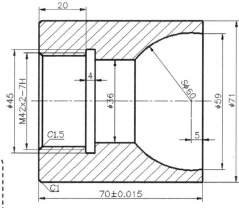
图 2-1　轴套类零件尺寸图

这时出现新的立即菜单，在"2:起始直径"和"3:终止直径"文本框中分别输入轴的直径"71"，移动鼠标，则跟随着光标将出现一个长度动态变化的轴，键盘输入轴的长度"70"，右击结束命令，如图 2-2 所示。

2. 在"常用"选项卡中，单击"绘图"生成栏中的"孔/轴"按钮，用鼠标捕捉左边中心点，这时出现新的立即菜单，在"2:起始直径"和"3:终止直径"文本框中分别输入轴

的内孔螺纹小径"39.4"，移动鼠标，则跟随着光标将出现一个长度动态变化的轴，键盘输入轴的长度"20"，右击结束命令。同理绘制右端内轮廓线，如图 2-3 所示。

3．在"常用"选项卡中，单击"绘图"生成栏中的"圆"按钮○，选择"圆心-半径"方式，输入圆心坐标（-5，0），输入半径"30"，回车，完成 R30 圆绘制，如图 2-4 所示。

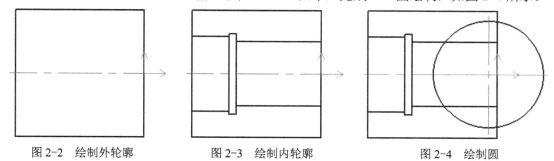

图 2-2　绘制外轮廓　　　　图 2-3　绘制内轮廓　　　　图 2-4　绘制圆

4．在"常用"选项卡中，单击"修改"生成栏中的"裁剪"按钮，单击多余线，裁剪结果如图 2-5 所示。

5．在"常用"选项卡中，单击"修改"生成栏中的"倒角"按钮△，在下面的立即菜单中，选择"长度"、"裁剪"，输入倒角距离"1.5"，角度"45°"，拾取要倒角的第一条边线，拾取第二条边线，一个倒角完成。同样方法完成其他倒角的绘制。然后用"直线"命令绘制倒角直线，如图 2-6 所示。

6．在"常用"选项卡中，单击"绘图"生成栏中的"剖面线"按钮，单击拾取上边环内一点，单击拾取下边环内一点，单击右键结束，完成剖面线填充，如图 2-7 所示。

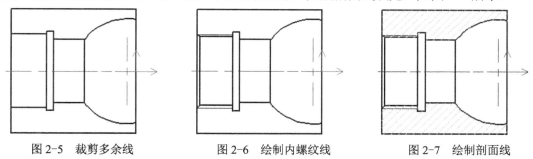

图 2-5　裁剪多余线　　　　图 2-6　绘制内螺纹线　　　　图 2-7　绘制剖面线

2.1.2　零件右端内轮廓粗加工

1．在"常用"选项卡中，单击"绘图"生成栏中的"直线"按钮╱，在下面的立即菜单中，选择"两点线"、"连续"、"正交"方式，捕捉左下端点，向下绘制 3mm，向右绘制 34mm 直线到 A 点，用"延伸"命令延长圆弧两端，完成被加工轮廓和毛坯轮廓线绘制，确定进退刀点 A，如图 2-8 所示。

2.1.2　零件右端内轮廓粗加工

2．在"数控车"选项卡中，单击"二轴加工"生成栏中的"车削粗加工"按钮，弹出"车削粗加工"对话框，如图 2-9 所示。加工参数设置如下："加工表面类型"选择"内轮廓"，"加工方式"选择"等距"，"加工角度"设为"180°"，"切削行距"设为"1"，"径向加工余量"设为"0.2"，"主偏干涉角"设为"3"，"副偏干涉角"设为"72.5°"，"刀尖半径补偿"选择"编程时考虑半径补偿"。

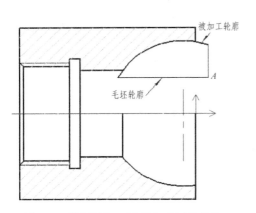

图2-8 绘制被加工轮廓和毛坯轮廓线

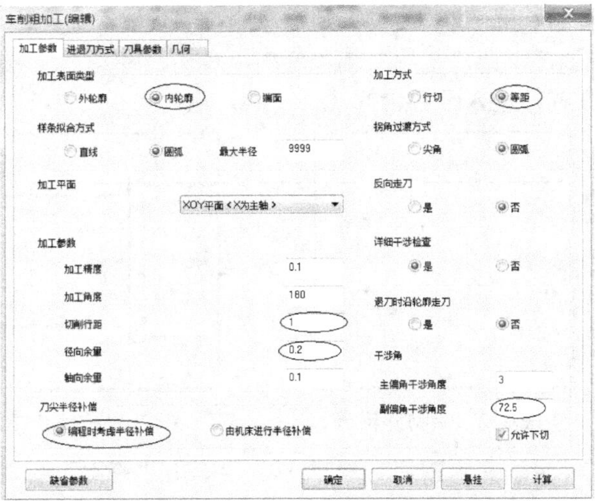

图2-9 车削粗加工参数设置

操作技巧：

　　加工方式选择等距是仿 G73 固定循环指令的用法，主要用于加工铸造或者表面余量均匀的毛坯，它的切削进给路线与零件轮廓一致，多用于内外圆弧面的车削加工。

　　3．设置刀具参数。"刀具类型"选择"轮廓车刀"，"刀尖半径"设为"0.4"，"副偏角"设为"72.5°"，"刀具偏置方向"为"对中"，"对刀点方式"为"刀尖圆心"，"刀片类型"为"球形刀片"，如图2-10所示。

　　4．单击"确定"按钮退出对话框，采用单个拾取方式，拾取被加工轮廓，单击右键，拾取毛坯轮廓，毛坯轮廓拾取完后，单击鼠标右键，拾取进退刀点 A，系统会自动生成内轮廓加工刀具轨迹，如图2-11所示。

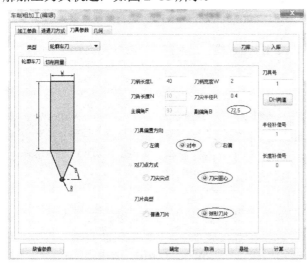

图2-10 刀具参数设置

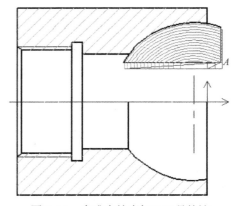

图2-11 生成内轮廓加工刀具轨迹

5．在"数控车"选项卡中，单击"后置处理"生成栏中的"后置处理"按钮**G**，弹出"后置处理"对话框，选择控制系统文件 Fanuc，单击"拾取"按钮，拾取粗加工轨迹，然后单击"后置"按钮，弹出"编辑代码"对话框，如图 2-12 所示，生成内轮廓粗加工程序。

图 2-12　内轮廓粗加工程序

2.1.3　零件左端内螺纹粗加工

1．在"常用"选项卡中，单击"绘图"生成栏中的"直线"按钮 ✎，在下面的立即菜单中，选择"两点线"、"连续"、"正交"方式，捕捉螺纹线左端点，向左绘制 2mm 到 *C* 点，捕捉螺纹线右端点，向右绘制 3mm 到 *B* 点，确定进退刀点 *B*，如图 2-13 所示。

2．在"数控车"选项卡中，单击"二轴加工"生成栏中的"车螺纹加工"按钮 ▦，弹出"车螺纹加工"对话框，如图 2-14 所示。设置螺纹参数如下："螺纹类型"选择"内螺纹"，拾取螺纹加工起点 *B*，拾取螺纹加工终点 *C*，拾取螺纹加工进退刀点 *B*，"螺纹节距"设为"2"，"螺纹牙高"设为"1.299"，"螺纹头数"设为"1"。

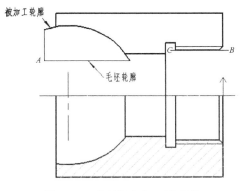

图 2-13　绘制螺纹加工长度线

💎 **操作技巧:**

此螺纹加工方式是生成 G32 指令的螺纹加工程序。螺纹小径的计算方式是大径 *D*−1.3*P*（*P* 表示螺距），螺纹牙高等于 0.6495×2。

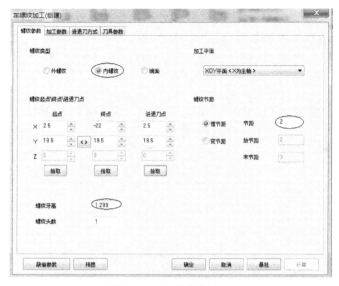

图 2-14　螺纹参数设置

3．单击"加工参数"选项卡，设置螺纹加工参数如下："加工工艺"选择"粗加工+精加工"，"粗加工深度"设为"1.199"，"每行切削用量"选择"恒定切削面积"，"第一刀行距"设为"0.8"，"最小行距"设为"0.1"，"每行切入方式"选择"沿牙槽中心线"，如图 2-15所示。

图 2-15　加工参数设置

 操作技巧：

　　沿牙槽中心线进刀：垂直进刀，两刀刃同时车削，适用于小螺距螺纹的加工。
　　左右交替法：垂直进刀+小刀架，左右移动，只有一条刀刃切削，适用于所有螺距螺纹的加工。

沿牙槽右侧进刀：垂直进刀+小刀架，向一个方向移动，适用于较大螺距螺纹的粗加工。

4．单击"刀具参数"选项卡，设置螺纹加工刀具参数如下："刀具角度"设为"60°"，"刀具种类"选择"米制螺纹"，如图 2-16 所示。

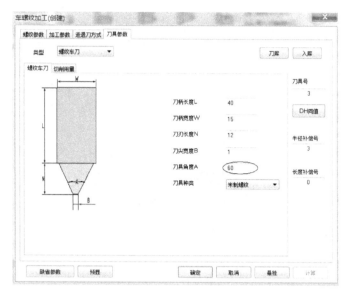

图 2-16　螺纹车刀参数设置

5．单击"切削用量参数"选项卡，设置切削用量参数如下："进刀量"设为"0.2mm/rev"，选择"恒转速"，"主轴转速"设为"540"rpm，如图 2-17 所示。

6．单击"确定"按钮退出"车螺纹加工"对话框，系统会自动生成螺纹加工轨迹，如图 2-18 所示。

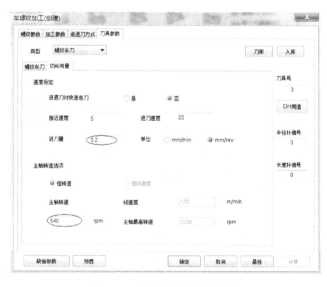

图 2-17　切削用量参数设置

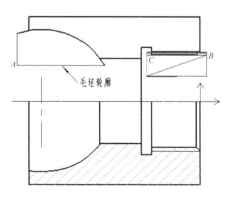

图 2-18　螺纹加工轨迹

7．在"数控车"选项卡中，单击"后置处理"生成栏中的"后置处理"按钮**G**，弹出"后置处理"对话框，选择控制系统文件 Fanuc，单击"拾取"按钮，拾取加工轨迹，然后单击"后置"按钮，弹出"编辑代码"对话框，系统会自动生成螺纹加工程序，如图 2-19 所示。

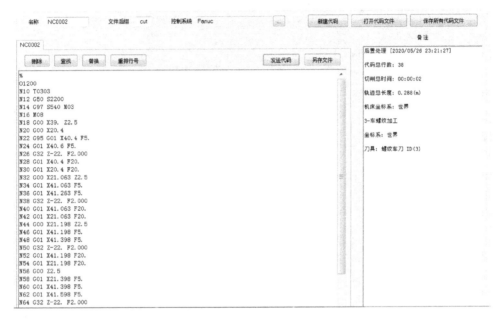

图 2-19　螺纹加工程序

实例 2.2　套筒类零件端面槽的设计与车削加工

完成如图 2-20 所示套筒零件的轮廓设计及右端面槽的粗精加工程序编制。零件材料为45 钢，毛坯为 φ60 的棒料。

该零件为圆盘零件，在这里主要学习右端面轮廓车削粗加工方法及右端面槽加工方法，右端面槽粗精加工采用切槽刀进行加工。

2.2.1　零件 CAD 造型设计

1．在"常用"选项卡中，单击"绘图"生成栏中的"孔/轴"按钮，用鼠标捕捉坐标零点为插入点，这时出现新的立即菜单，在"2:起始直径"和"3:终止直径"文本框中分别输入轴的直径"28"，移动鼠标，则跟随着光标将出现一个长度动态变化的轴，键盘输入轴的长度 8，按回车键。继续修改其他段直径，输入长度值回车，右击结束命令，即可完成零件的外轮廓绘制，如图 2-21 所示。

2．在"常用"选项卡中，单击"绘图"生成栏中的"孔/轴"按钮，用鼠标捕捉坐标零点为插入点，这时出现新的立即菜单，在"2:起始直径"和"3:终止直径"文本框中分别输入轴的直径"18"，移动鼠标，则跟随着光标将出现一个长度动态变化的轴，键盘输入轴的长度"20"，按回车键，即可完成零件的内轮廓绘制，如图 2-22 所示。

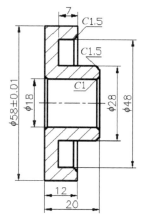

图 2-20　套筒零件尺寸图

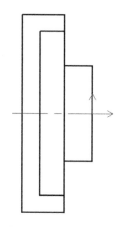

图 2-21　绘制外轮廓

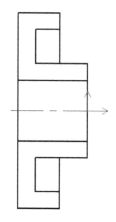

图 2-22　绘制内轮廓

3. 在"常用"选项卡中，单击"修改"生成栏中的"倒角"按钮△，在下面的立即菜单中，选择"长度"、"裁剪"，输入倒角距离"1.5"，角度"45°"，拾取要倒角的第一条边线，拾取第二条边线，一个倒角完成。同样方法完成其他倒角的绘制。然后用"直线"命令绘制倒角直线，如图 2-23 所示。

2.2.2　零件右端外轮廓粗加工

1. 在"常用"选项卡中，单击"绘图"生成栏中的"直线"按钮╱，在下面的立即菜单中，选择"两点线"、"连续"、"正交"方式，捕捉上面端点，向上绘制 2mm，向右绘制 11mm 直线，延长倒角线，完成毛坯轮廓线绘制，确定进退刀点 A，如图 2-24 所示。

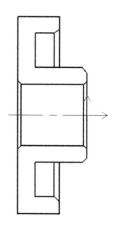

图 2-23　绘制到角线

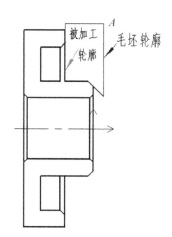

图 2-24　绘制被加工轮廓和毛坯轮廓

2. 在"数控车"选项卡中，单击"二轴加工"生成栏中的"车削粗加工"按钮▤，弹出"车削粗加工"对话框，如图 2-25 所示。加工参数设置如下："加工表面类型"选择"外轮廓"，"加工方式"选择"行切"，"加工角度"设为"180°"，"切削行距"设为"0.5"，"加工余量"设为"0.2"，"主偏干涉角"设为"0°"，"副偏干涉角"设为"10°"，"刀尖半径补偿"选择"编程时考虑半径补偿"。

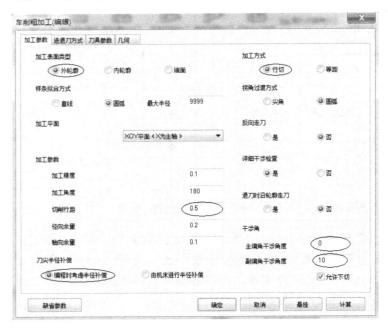

图 2-25　车削粗加工参数设置

3．设置刀具参数。"刀具类型"选择"轮廓车刀"，"刀尖半径"设为"0.3"，"主偏角"设为"90°"，"副偏角"设为"10°"，"刀具偏置方向"为"左偏"，"对刀点"为"刀尖尖点"，"刀片类型"为"普通刀片"，如图 2-26 所示。

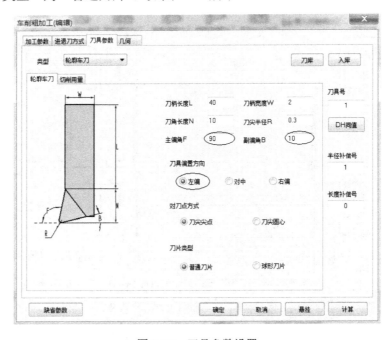

图 2-26　刀具参数设置

4．单击"确定"按钮退出对话框，采用单个拾取方式，拾取被加工轮廓，单击右键，拾取毛坯轮廓，毛坯轮廓拾取完后，单击鼠标右键，拾取进退刀点 *A*，系统会自动生成外轮廓加工刀具轨迹，如图 2-27 所示。

5．在"数控车"选项卡中，单击"仿真"生成栏中的"线框仿真"按钮⊗，弹出"线框仿真"对话框，如图 2-28 所示，单击"拾取"按钮，拾取加工轨迹，单击右键结束加工轨迹拾取，单击"前进"按钮，开始仿真加工过程。

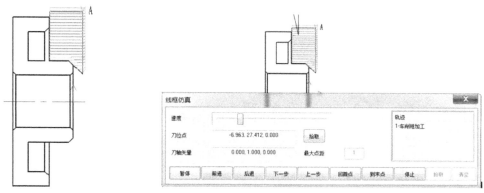

图 2-27　外轮廓粗加工轨迹　　　　　　　图 2-28　外轮廓粗加工仿真

6．在"数控车"选项卡中，单击"后置处理"生成栏中的"后置处理"按钮 **G**，弹出"后置处理"对话框，选择控制系统文件 Fanuc，单击"拾取"按钮，拾取粗加工轨迹，然后单击"后置"按钮，弹出"编辑代码"对话框，如图 2-29 所示，生成外轮廓粗加工程序。

图 2-29　外轮廓粗加工程序

2.2.3　零件端面槽粗精车加工

1．利用绘制直线和延伸命令，绘制如图 2-30 所示的切槽粗精加工轮廓线。

2.2.3　零件端面槽粗精车加工

2．在"数控车"选项卡中，单击"二轴加工"生成栏中的"车削槽加工"按钮，弹出"车削槽加工"对话框，如图 2-31 所示。粗加工参数设置如下："切槽表面类型"选择"端面"，"加工工艺类型"选择"粗加工+精加工"，"加工方向"选择"纵深"，"加工余量"设为"0.1"，"切深行距"设为"0.2"，"退刀距离"设为"2"，"刀尖半径补偿"选择"编程时考虑半径补偿"。精加工参数设置为："加工余量"设为"0"，"切深行距"设为"0.1"，"退刀距离"设为"4"。

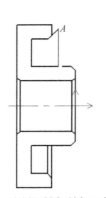

图 2-30　绘制切槽粗精加工轮廓线

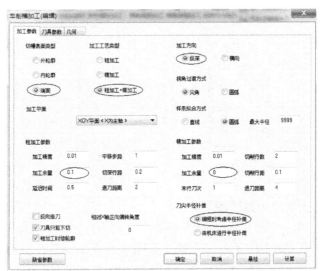

图 2-31　车削槽加工参数设置

3．选择宽度 6mm 的切槽刀，"刀尖半径"设为"0.1"，"刀具位置"设为"5"，"编程刀位"选择"前刀尖"，刀具参数设置如图 2-32 所示，单击"确定"按钮退出对话框，采用单个拾取方式，拾取被加工轮廓，单击右键，拾取进退刀点 A，结果生成切槽粗精加工轨迹，如图 2-33 所示。

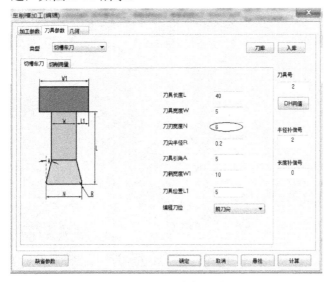

图 2-32　刀具参数设置

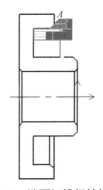

图 2-33　端面切槽粗精加工轨迹

4．单击"确定"按钮退出对话框，采用单个拾取方式，拾取被加工轮廓，单击右键，拾取毛坯轮廓，毛坯轮廓拾取完后，单击鼠标右键，拾取进退刀点 A，系统会自动生成外轮廓刀具轨迹，如图 2-34 所示。

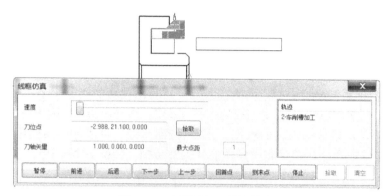

图 2-34　车削槽加工轨迹仿真

5．在"数控车"选项卡中，单击"后置处理"生成栏中的"后置处理"按钮 **G**，弹出"后置处理"对话框，选择控制系统文件 Fanuc，单击"拾取"按钮，拾取加工轨迹，然后单击"后置"按钮，弹出"编辑代码"对话框，如图 2-35 所示，生成端面切槽粗精加工程序。

图 2-35　端面切槽粗精加工程序

实例 2.3　锯齿牙型异形螺纹的形状设计与加工

完成如图 2-36 所示零件的造型设计和锯齿牙型异形螺纹的加工。该螺纹槽深 3mm，底宽 2.8mm，斜角为 43°。

异形螺纹一般指螺纹的牙型、外形轮廓等与普通螺纹不同的螺纹，如常见的矩形螺纹、圆弧螺纹等。由于异形螺纹形状特殊、工艺复杂，单纯利用传统的螺纹车削加工指令（如 G32/G33/G92/G76/ CYCLE97 等）无法加工，因此需要结合参数化编程方法才能实现异形特殊螺纹类零件的数控车削加工。本实例利用 CAXA 数控车软件完成锯齿牙型异形螺纹的加工。

2.3.1 零件 CAD 造型设计

1．在"常用"选项卡中，单击"绘图"生成栏中的"孔/轴"按钮，捕捉系统坐标中心点作为插入点，这时出现新的立即菜单，在"2:起始直径"和"3:终止直径"文本框中分别输入轴的直径"40"，移动鼠标，则跟随着光标将出现一个长度动态变化的轴，键盘输入轴的长度"52"，按回车键。继续修改其他段直径，输入长度值后回车，右击结束命令，即可完成零件的外轮廓绘制，如图 2-37 所示。

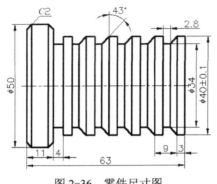

图 2-36　零件尺寸图

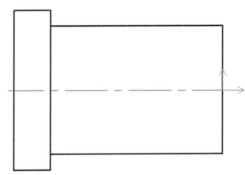

图 2-37　绘制外轮廓

2．在"常用"选项卡中，单击"修改"生成栏中的"等距线"按钮，在立即栏中输入等距距离"3"，拾取要等距的线，方向向左，同法完成其他等距线，如图 2-38 所示。

3．在"常用"选项卡中，单击"修改"生成栏中的"裁剪"按钮，单击多余线，裁剪多余线，最后删除多余的线条，补画斜线，结果如图 2-39 所示。

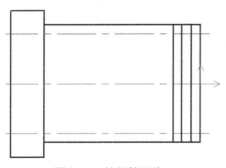

图 2-38　绘制等距线

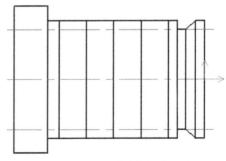

图 2-39　绘制单个锯齿牙型

4．在"常用"选项卡中，单击"剪切板"生成栏中的"带基点复制"按钮，选择"牙型轮廓线"，单击右键，拾取右边交点为基点。单击"剪切板"生成栏中的"粘贴"按钮，拾取右边目标点，完成复制，同样方法复制 4 份，完成锯齿牙型绘制。然后，单击"修改"生成栏中的"裁剪"按钮，单击多余线，裁剪多余线，最后删除多余的线条，如图 2-40 所示。

5．单击"修改"生成栏中的"倒角"按钮 ⟋，在下面的立即菜单中，选择"长度"、"裁剪"，输入倒角距离"2"，角度为"45°"，拾取要倒角的第一条边线，拾取第二条边线，完成左边倒角绘制，如图 2-41 所示。

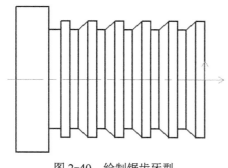
图 2-40　绘制锯齿牙型

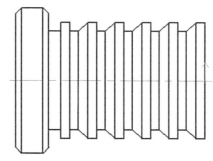
图 2-41　绘制倒角线

2.3.2　锯齿牙型异形螺纹的加工

2.3.2　锯齿牙型异形螺纹的加工

1．在数控车床上车螺纹时，沿螺距方向的 Z 向进给应和车床主轴的旋转保持严格的速比关系，因此应避免在进给机构加速或减速的过程中切削螺纹，所以要设置切入量和切出量，即引入段和退出段。故将牙型轮廓线向右复制到 18mm 处，切出量可以设置为"5"。

2．在"数控车"选项卡中，单击"二轴加工"生成栏中的"异形螺纹加工"按钮 ⊞，弹出"异形螺纹加工"对话框，如图 2-42 所示。设置螺纹加工参数如下："螺纹类型"为"外螺纹"，选择"粗加工+精加工"，"螺距"为"9"，"加工精度"设为"0.01"，"径向层高"设为"0.3"，"轴向层高"设为"0.1"，"加工余量"设为"0"，"退刀距离"设为"10"。分别拾取螺纹的起始点，单击拾取起点 A，拾取终点 B。

图 2-42　异形螺纹加工参数设置

3．选择合适的切槽刀，由于牙底宽 2.8mm，所以选择宽为 2.2、刀尖半径为 0.2 的切槽刀，如图 2-43 所示。

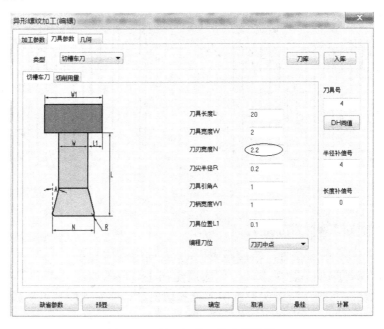

图 2-43　异形螺纹刀具参数设置

4．设置切削用量如下："进刀量"设为"0.05"mm/rev，选择"恒转速"，"主轴转速"设为"450"rpm，如图 2-44 所示。

图 2-44　异形螺纹切削用量设置

5. 单击"确定"按钮退出对话框，采用单个拾取方式，拾取牙型曲线，生成异形螺纹加工轨迹，如图 2-45 所示。

6. 在"数控车"选项卡中，单击"后置处理"生成栏中的"后置处理"按钮 G，弹出"后置处理"对话框，选择控制系统文件 Fanuc，单击"拾取"按钮，拾取加工轨迹，然后单击"后置"按钮，弹出"编辑代码"对话框，生成异形螺纹加工程序，如图 2-46 所示。

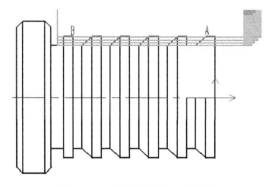

图 2-45 锯齿螺纹加工轨迹线

图 2-46 异形螺纹加工程序

 操作技巧:

　　CAXA 数控车 2020 会自动生成异形螺纹加工程序，用该程序加工出来的零件是否符合零件图的尺寸要求，要进行检查和实践检验。若发现程序有问题可修改加工参数或者修改牙型曲线，如果程序中没有考虑刀具宽度，则要根据实际使用的刀具宽度，将牙型曲线在长度方向上缩小一个刀具宽度，使加工出的异形螺纹符合零件图的尺寸要求。

实例 2.4　圆弧牙型轴异形螺纹的设计与车削加工

　　完成如图 2-47 所示零件的造型设计和圆弧牙型轴异形螺纹的车削加工。

　　异形特殊螺纹大都具有牙型深、宽度大、螺距大等特点，切削余量和切削抗力也较大，因此加工时宜采用低速分层拟合车削。具体来说，就是将螺纹牙型深度按一定数值分成若干层分别加工，通过不断改变刀具起点位置逼近实际螺纹轮廓。

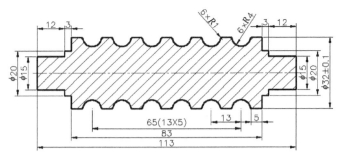

图 2-47　圆弧牙型轴零件尺寸图

2.4.1　零件 CAD 造型设计

1．在"常用"选项卡中，单击"绘图"生成栏中的"直线"
按钮 ✏，在下面的立即菜单中，选择"两点线"、"连续"、"正
交"方式，捕捉右边坐标原点，向上绘制 7.5mm、向左绘制 12mm 直线，继续绘制其他轮廓
线。单击"修改"生成栏中的"镜像"按钮 ⚟，单击拾取镜像元素，拾取中间的镜像轴
线，完成左边轮廓线绘制，如图 2-48 所示。

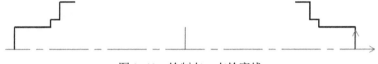

图 2-48　绘制左、右轮廓线

2．在"常用"选项卡中，单击"绘图"生成栏中的"圆"按钮 ⊙，选择"两点"方
式，捕捉右端点，输入第二点坐标（@-8，0），回车，完成 R4 圆的绘制。

单击"剪切板"生成栏中的"带基点复制"按钮 ⧉，选择牙型轮廓线，单击右键，拾取
右边交点为基点。然后单击"剪切板"生成栏中的"粘贴"按钮 📋，拾取右边目标点，完成
复制。同样方法复制 4 份，完成圆弧牙型的绘制，如图 2-49 所示。

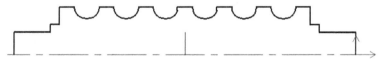

图 2-49　绘制圆弧牙型轮廓线

3．单击"修改"生成栏中的"镜像"按钮 ⚟，单击拾取镜像元素，拾取中间的镜像轴
线，完成下边轮廓线的绘制。在"常用"选项卡中，单击"绘图"生成栏中的"剖面线"按
钮 ▨，单击拾取上边环内一点，单击拾取下边环内一点，单击右键结束，完成剖面线填充，
如图 2-50 所示。

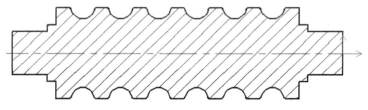

图 2-50　绘制剖面线

2.4.2 圆弧牙型异形螺纹的加工

2.4.2 圆弧牙型异形螺纹的加工

1．单击"剪切板"生成栏中的"带基点复制"按钮 ，选择牙型轮廓线，单击右键，拾取左边交点为基点。单击"剪切板"生成栏中的"粘贴"按钮 ，拾取右边目标点 *A*，完成复制。将牙型轮廓线向右复制到 26mm 处，两个螺距的大小，切入量可以设置为 9.8mm，切出量可以设置为 4mm，如图 2-51 所示。

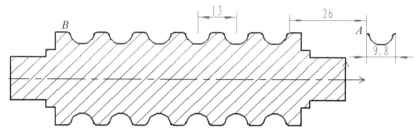

图 2-51 复制牙型轮廓线

2．在"数控车"选项卡中，单击"二轴加工"生成栏中的"异形螺纹加工"按钮 ，弹出"异形螺纹加工"对话框，如图 2-52 所示。设置螺纹加工参数如下："螺纹类型"为"外螺纹"，"加工工艺类型"选择"粗加工"，"螺距"为"13"，"精度"为"0.01"，"径向层高"为"0.4"，"轴向进给"为"0.1"，"加工余量"为"0"，"退刀距离"为"10"。分别拾取螺纹的起始点，单击拾取起点 *A*，拾取终点 *B*。

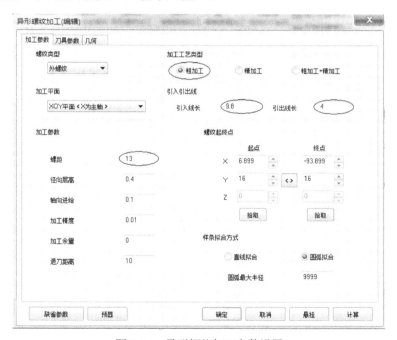

图 2-52 异形螺纹加工参数设置

3．设置刀具参数。选择合适的切槽刀，由于牙型为 *R*4 圆弧，所以选择 *R*1.5 球刀，圆角为 1.5，如图 2-53 所示。

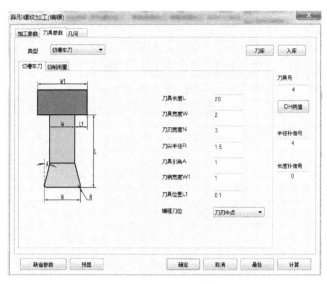

图 2-53　异形螺纹刀具参数设置

> **操作技巧：**
>
> 　　刀具选用的基本原则是尺寸和形状相适应，即刀具要和被加工对象的形状相似、尺寸匹配。以常见的圆弧加为例，应首选圆弧形车刀，可用来车削内、外表面，其适用于车削曲线连接(凹形)的各种成形面。在选用螺纹刀时，圆弧车刀的半径要小于或等于所加工螺纹的半径，以免加工时发生干涉。但注意圆弧车刀的半径也不宜太小，否则会因刀体散热差或刀尖强度低导致刀具损毁。除圆弧车刀外，也可根据被加工对象的具体情况选用成形车刀、小角度偏刀及宽度较小的普通切槽刀。

　　4. 设置切削用量如下："进刀量"设为"0.1"mm/rev，选择"恒转速"，"主轴转速"设为"500"rpm，如图 2-54 所示。

图 2-54　异形螺纹切削用量设置

5. 单击"确定"按钮退出对话框，采用单个拾取方式，拾取牙型曲线，生成异形螺纹加工轨迹，如图 2-55 所示。

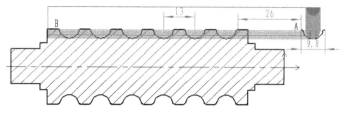

图 2-55 圆弧牙型螺纹加工轨迹线

6. 在"数控车"选项卡中，单击"仿真"生成栏中的"线框仿真"按钮⊗，弹出"线框仿真"对话框，如图 2-56 所示，单击"拾取"按钮，拾取异形螺纹加工轨迹，单击右键结束加工轨迹拾取，单击"前进"按钮，开始仿真加工过程。

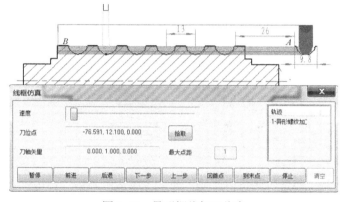

图 2-56 异形螺纹加工仿真

7. 在"数控车"选项卡中，单击"后置处理"生成栏中的"后置处理"按钮**G**，弹出"后置处理"对话框，选择控制系统文件 Fanuc，单击"拾取"按钮，拾取加工轨迹，然后单击"后置"按钮，弹出"编辑代码"对话框，生成异形螺纹加工程序，如图 2-57 所示。

图 2-57 异形螺纹加工程序

课后练习

1．根据如图 2-58 所示的盘类零件图，完成零件造型、内轮廓粗精加工程序和内螺纹加工。

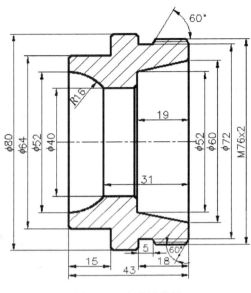

图 2-58　盘类零件图

2．根据如图 2-59 所示的轴套零件图，完成零件造型、内外轮廓粗精加工程序和内螺纹加工。

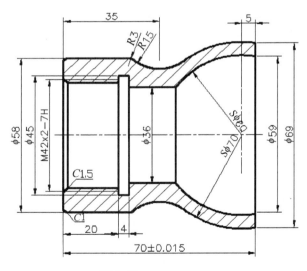

图 2-59　轴套零件图

3．根据如图 2-60 所示的轴类零件图，完成该零件的造型、内外轮廓粗加工程序和锯齿型异形螺纹加工。

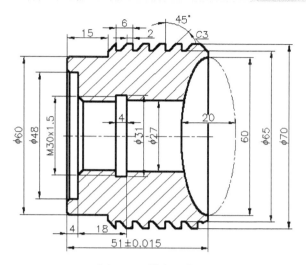

图 2-60　轴类零件图

第3章 轴类零件的设计与C轴车削加工

车铣复合加工是利用铣刀旋转和工件旋转的合成运动来实现对工件的切削加工，使工件在形状精度、位置精度、已加工表面完整性等多方面达到使用要求的一种先进切削加工方法。车铣复合加工不是单纯地将车削和铣削两种加工手段合并到一台机床上，而是利用车铣合成运动来完成各类表面的加工，是在当今数控技术得到较大发展的条件下产生的一种新的切削理论和切削技术。CAXA 数控车 2020 具有 C 轴车削加工功能，可以完成 G01 钻孔及键槽加工。

本章主要通过学习椭圆面零件的设计与等截面粗精加工、六棱柱体的设计与表面 G01 钻孔加工以及圆柱轴类零件的设计与键槽加工实例，学习 CAXA 数控车 2020 常用绘图和编辑方法，学习 CAXA 数控车 2020 椭圆面零件等截面粗精加工、六棱柱体径向 G01 钻孔加工、六棱柱体端面 G01 钻孔加工、轴类零件埋入式键槽加工和轴类零件开放式键槽加工功能，学会编写 C 轴车削加工程序。

◎ 技能目标
- 掌握 CAXA 数控车绘图与编辑方法。
- 掌握等截面粗精加工方法。
- 掌握 G01 钻孔方法。
- 掌握键槽加工方法。

实例 3.1 椭圆面零件的设计与等截面粗精加工

完成如图 3-1 所示椭圆柱面零件的造型设计和椭圆柱面的粗精加工。

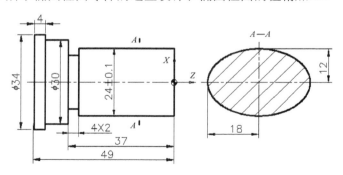

图 3-1 椭圆柱零件图

如图 3-1 所示的轴类零件，右边为一段椭圆柱，椭圆长半轴为 18mm，短半轴为 12mm，方程式为 $z^2/18^2+x^2/12^2=1$。在右端面中心建立工件坐标系。椭圆柱面加工只能采用车铣复合中心设备，普通数控车床不能加工。

3.1.1　零件 CAD 造型设计

1．在"常用"选项卡中，单击"绘图"生成栏中的"孔/轴"按钮，捕捉中心点坐标，这时出现新的立即菜单，在"2:起始直径"和"3:终止直径"文本框中分别输入轴的直径"24"，移动鼠标，则跟随着光标将出现一个长度动态变化的轴，键盘输入轴的长度"37"，按回车键。继续修改其他段直径，输入长度值后回车，右击结束命令，即可完成零件的外轮廓绘制，如图 3-2 所示。

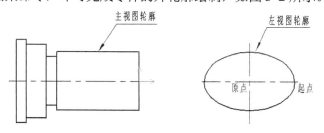

图 3-2　椭圆柱零件轮廓图

2．单击"绘图"生成栏中的"椭圆"按钮，在下面的立即菜单中输入长半轴"18"，短半轴"12"，输入基点坐标（40,0），完成椭圆绘制，如图 3-2 所示。

3.1.2　椭圆面零件等截面粗加工

1．在"数控车"选项卡中，单击"C 轴"加工栏中的"等截面粗加工"按钮，弹出"等截面粗加工"对话框，如图 3-3 所示。加工参数设置如下："加工精度"设为"0.1"，"行距"设为"3"，"毛坯直径"设为"55"，"层高"设为"2"，"加工方式"选择"环切"，往复加工。

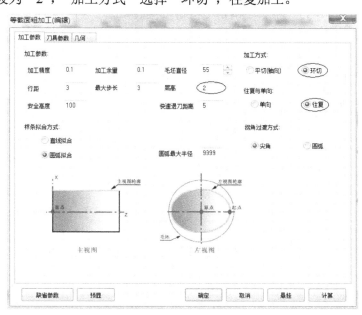

图 3-3　等截面粗加工参数设置

2．设置几何参数，单击拾取截面左视图中心点，拾取截面左视图加工轮廓起点，拾取截面左视图加工轮廓线，拾取主视图加工轮廓线，然后选方向，如图3-4所示。

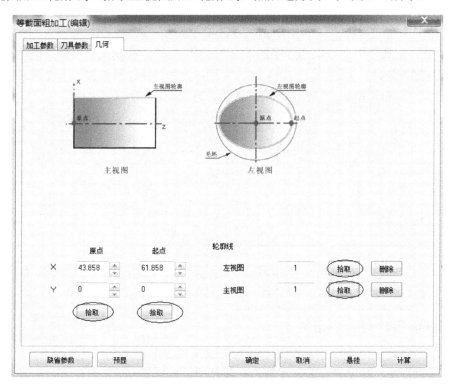

图3-4　等截面粗加工几何参数设置

3．选择ϕ10球形车刀，单击"确定"按钮，生成如图3-5所示的等截面粗加工轨迹。

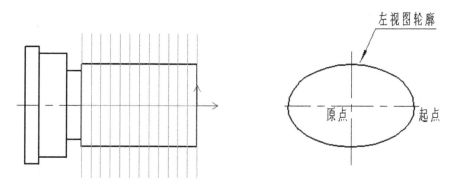

图3-5　等截面粗加工轨迹

4．在"数控车"选项卡中，单击"后置处理"生成栏中的"后置处理"按钮**G**，弹出"后置处理"对话框，选择控制系统文件"车削加工中心-4 x-XYZC"，单击"拾取"按钮，拾取粗加工轨迹，然后单击"后置"按钮，弹出"编辑代码"对话框，如图3-6所示，生成等截面粗加工程序。

图 3-6　生成等截面粗加工程序

3.1.3　椭圆面零件等截面精加工

1. 在"数控车"选项卡中，单击"C 轴"加工栏中的"等截面精加工"按钮 ，弹出"等截面精加工"对话框，如图 3-7 所示。加工参数设置如下："加工精度"设为"0.01"，"加工行距"设为"1"，"加工方式"选择"环切"。

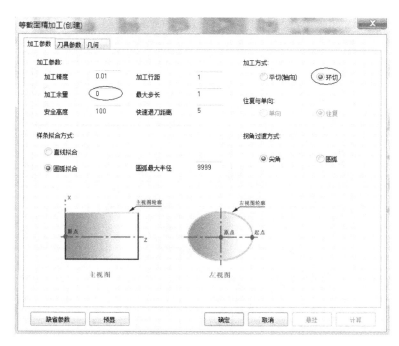

图 3-7　等截面精加工参数设置

2．设置几何参数，单击拾取截面左视图中心点，拾取截面左视图加工轮廓起点，拾取截面左视图加工轮廓线，拾取主视图加工轮廓线，然后选择向左方向，如图 3-8 所示。

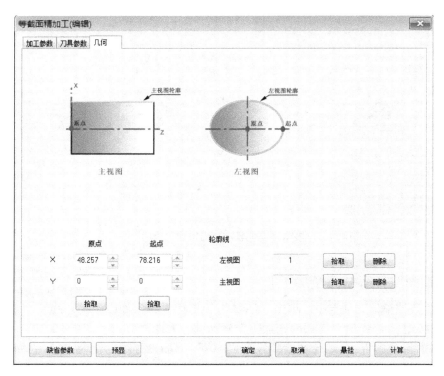

图 3-8　等截面精加工几何参数设置

3．选择 $\phi 8$ 球形车刀，单击"确定"按钮，生成如图 3-9 所示的等截面精加工轨迹。

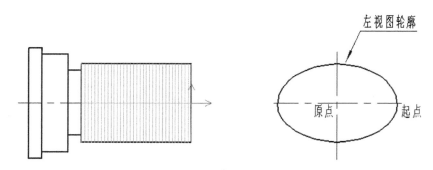

图 3-9　等截面精加工轨迹

4．在"数控车"选项卡中，单击"后置处理"生成栏中的"后置处理"按钮 **G**，弹出"后置处理"对话框，选择控制系统文件"车削加工中心-4 x-XYZC"，单击"拾取"按钮，拾取精加工轨迹，然后单击"后置"按钮，弹出"编辑代码"对话框，如图 3-10 所示，生成等截面精加工程序。

图 3-10　生成等截面精加工程序

实例 3.2　六棱柱体的设计与表面 G01 钻孔加工

采用圆柱面径向 G01 钻孔和端面 G01 钻孔功能来编写如图 3-11 所示的六棱柱体表面钻孔加工程序。

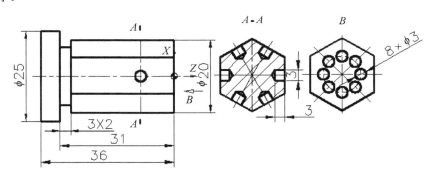

图 3-11　六棱柱体零件图

从图 3-11 可以知道该零件右边为六棱柱，在六个面中间加工直径为 3mm 的孔，右端面加工八个直径为 3mm 的孔，我们采用 G01 钻孔功能来加工，圆柱面径向和端面钻孔只能采用车铣复合中心设备加工，普通数控车床不能加工。

3.2.1　零件 CAD 造型设计

1. 在"常用"选项卡中，单击"绘图"生成栏中的"孔/轴"

3.2.1　零件
CAD 造型设计

按钮，用鼠标捕捉右边中心点，这时出现新的立即菜单，在"2:起始直径"和"3:终止直径"文本框中分别输入轴的直径"20"，移动鼠标，则跟随着光标将出现一个长度动态变化的轴，键盘输入轴的长度"28"，右击结束命令。同法绘制左端其他外轮廓线，如图3-12所示。

2．在"常用"选项卡中，单击"绘图"生成栏中的"圆"按钮○，选择"圆心-半径方式"，输入圆心坐标（23，0），输入半径"10"，回车，完成*R*10圆的绘制。同法在右边53mm位置绘制*R*10的圆，如图3-12所示。

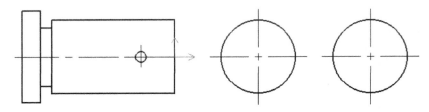

图3-12　绘制六棱柱体零件轮廓图

3．在"常用"选项卡中，单击"绘图"面板上的"正多边形"按钮⬠。在弹出的立即菜单中，使用"中心定位"、"给定半径"、"内接于圆"方式。输入边数"6"，捕捉输入六边形中心点，输入半径"10"，则由立即菜单所决定的内接正六边形被绘制出来，如图3-13所示。

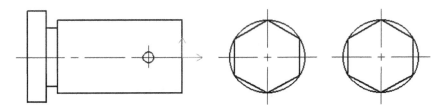

图3-13　绘制六边形轮廓图

4．在"常用"选项卡中，单击"绘图"生成栏中的"圆"按钮○，选择"圆心-半径方式"，输入圆心坐标（-9，0），输入半径"1.5"，回车，完成*R*1.5圆的绘制，如图3-14所示。

单击"修改"面板上的"等距线"按钮，作辅助线，完成截断面图中的圆孔和*B*向视图中的*R*1.5圆的绘制，如图3-14所示。

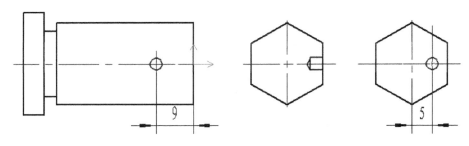

图3-14　绘制*R*1.5圆

5．单击"修改"面板上的"阵列"按钮⊞，在下面的立即菜单中选择"圆形阵列"、"均布"，输入份数"6"，用鼠标左键拾取孔的轮廓元素，拾取的图形变为虚线显示，拾取完成后用鼠标右键加以确定。按照操作提示，用鼠标左键拾取阵列图形的中心点后，完成截断面图中六个圆孔的阵列绘制。同法完成*B*向视图中八个圆的阵列绘制，如图3-15所示。

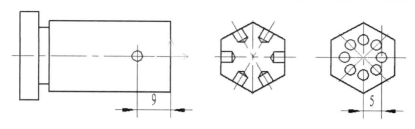

图 3-15   阵列圆孔和圆

3.2.2   六棱柱体径向 G01 钻孔加工

3.2.2   六棱柱体径向 G01 钻孔加工

1. 在 *A-A* 剖面位置径向钻孔。在工件右端面中心建立工件坐标系，确定钻孔的轴线位置、下刀点和终止点，如图 3-16 所示。

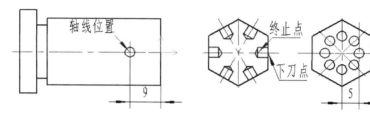

图 3-16   钻孔下刀点和终止点

2. 在 "数控车" 选项卡中，单击 "C 轴" 加工栏中的 "径向 G01 钻孔" 按钮，弹出 "径向 G01 钻孔" 对话框，如图 3-17 所示。"钻孔方式" 中的 "下刀次数" 输入 "2"。

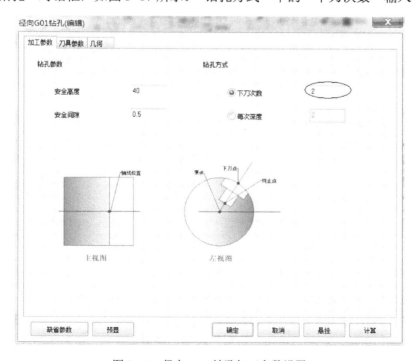

图 3-17   径向 G01 钻孔加工参数设置

3．在"几何"选项卡中，拾取主视图中的轴位点，拾取左视图中的原点，拾取左视图中的下刀点，拾取左视图中的终止点，如图3-18所示。

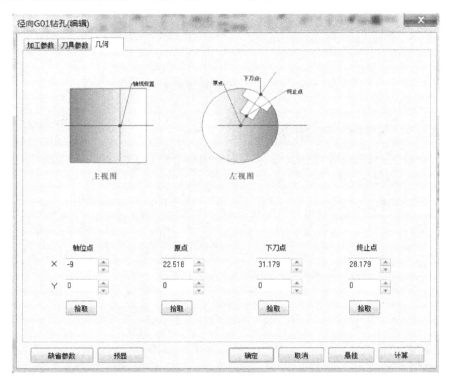

图3-18 径向G01钻孔几何参数设置

4．选择ϕ3的钻头，切削速度F100，单击"确定"按钮退出参数设置对话框，生成径向G01钻孔加工轨迹。同法完成其他五个孔的钻孔加工轨迹，如图3-19所示。

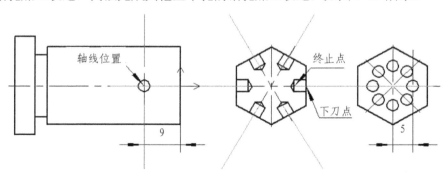

图3-19 径向G01钻孔加工轨迹

5．在"数控车"选项卡中，单击"后置处理"生成栏中的"后置处理"按钮 **G**，弹出"后置处理"对话框，选择控制系统文件"车削加工中心-4 X-TC"，单击"拾取"按钮，分别拾取六个钻孔加工轨迹，然后单击"后置"按钮，生成如图3-20所示的径向G01钻孔加工程序。

图 3-20 径向 G01 钻孔加工程序

3.2.3 六棱柱体端面 G01 钻孔加工

3.2.3 六棱柱体端面 G01 钻孔加工

1．在右端面进行端面钻孔，在右端面中心建立工件坐标系。确定钻孔的轴线位置、原点和孔的中心点。

2．在"数控车"选项卡中，单击"C 轴"加工栏中的"端面 G01 钻孔"按钮，弹出"端面 G01 钻孔"对话框，如图 3-21 所示。钻孔方式："下刀次数"输入"2"。

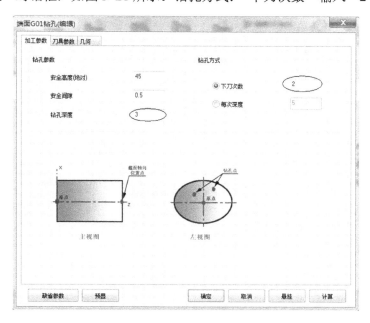

图 3-21 端面 G01 钻孔加工参数设置

3．在"几何"选项卡中，拾取主视图中的轴向位置点，拾取左视图中的原点，依次拾取左视图中八个孔的中心点，如图 3-22 所示。

4. 选择ϕ3 的钻头，单击"确定"按钮退出"参数设置"对话框，生成如图 3-23 所示的端面 G01 钻孔加工轨迹。

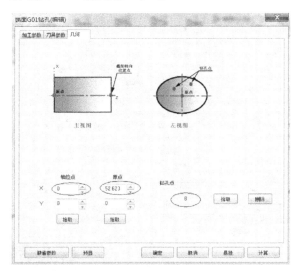

图 3-22　端面 G01 钻孔几何参数设置

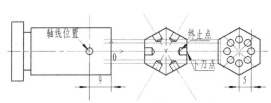

图 3-23　端面 G01 钻孔加工轨迹

5. 在"数控车"选项卡中，单击"后置处理"生成栏中的"后置处理"按钮**G**，弹出"后置处理"对话框，选择控制系统文件"数控车床-3X-XZC"，单击"拾取"按钮，拾取孔的加工轨迹，然后单击"后置"按钮，生成如图 3-24 所示的端面 G01 钻孔加工程序。

图 3-24　端面 G01 钻孔加工程序

实例 3.3　圆柱轴类零件的设计与键槽加工

采用键槽加工功能来编写如图 3-25 所示的圆柱轴类零件的埋入式键槽加工程序和开放

式键槽加工程序。

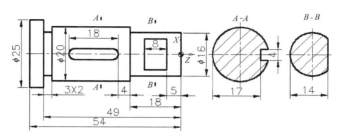

图 3-25　圆柱轴类零件图

从图 3-25 可以知道该零件右边为带有键槽的圆柱体，一个是宽度为 4mm 的键槽，另一个是长度为 8mm 的平面槽。我们采用 CAXA 键槽加工功能来加工，埋入式键槽加工和开放式键槽只能采用车铣复合中心设备加工，普通数控车床不能加工。

3.3.1　零件 CAD 造型设计

3.3.1　零件 CAD 造型设计

1．在"常用"选项卡中，单击"绘图"生成栏中的"孔/轴"按钮，捕捉系统坐标中心点作为插入点，这时出现新的立即菜单，在"2:起始直径"和"3:终止直径"文本框中分别输入轴的直径"16"，移动鼠标，则跟随着光标将出现一个长度动态变化的轴，键盘输入轴的长度"18"，按回车键。继续修改其他段直径，输入长度值后回车，右击结束命令，即可完成零件的外轮廓绘制，如图 3-26 所示。

2．在"常用"选项卡中，单击"修改"生成栏中的"等距线"按钮，在下面的立即栏中输入等距距离"6"，拾取要等距的线，方向向左，同理完成其他等距线。单击"绘图"生成栏中的"圆"按钮，选择"圆心-半径"方式，捕捉圆心点，回车，完成 R2 圆的绘制。单击"修改"生成栏中的"裁剪"按钮，单击裁剪多余线，裁剪结果如图 3-27 所示。

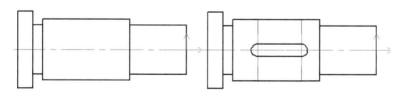

图 3-26　圆柱零件轮廓图　　　　　图 3-27　绘制键槽轮廓图

3．在"常用"选项卡中，单击"修改"生成栏中的"等距线"按钮，在下面的立即栏中输入等距距离"5"，拾取要等距的线，方向向左，同理完成其他等距线。单击"绘图"生成栏中的"圆"按钮，选择"圆心-半径"方式，输入圆心点坐标（40，0），回车，完成 R8 圆的绘制，如图 3-28 所示。

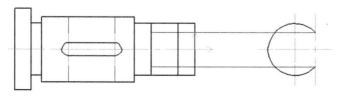

图 3-28　绘制开放式键槽辅助线

4．单击"修改"生成栏中的"裁剪"按钮，单击裁剪多余线，裁剪结果如图 3-29 所示。

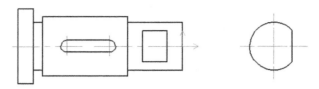

图 3-29　绘制开放式键槽轮廓图

5．单击"绘图"生成栏中的"圆"按钮，选择"圆心-半径"方式，输入圆心点坐标（18，0），回车，完成 R10 圆的绘制。单击"修改"生成栏中的"等距线"按钮，在下面的立即栏中输入等距距离"2"，拾取要等距的线，方向向上，同理完成其他等距线，如图 3-30 所示。

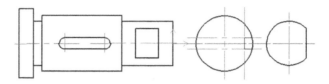

图 3-30　绘制键槽截断面辅助线

6．单击"修改"生成栏中的"裁剪"按钮，单击裁剪多余线，裁剪结果如图 3-31 所示。

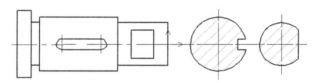

图 3-31　绘制键槽截断面图

3.3.2　轴类零件埋入式键槽加工

1．在 A-A 剖面位置加工键槽。在右端面中心建立工件坐标系，确定键槽加工起点、终点和原点，如图 3-32 所示。

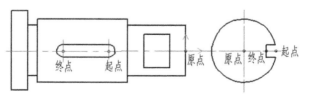

图 3-32　键槽加工起点和终点

2．在"数控车"选项卡中，单击"C 轴"加工栏中的"埋入式键槽加工"按钮，弹出"埋入式键槽加工"对话框，如图 3-33 所示。加工参数设置如下："键槽宽度"设为"4"，"键槽层高"设为"1"。

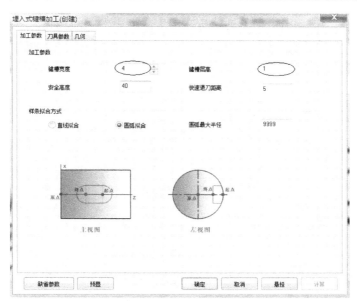

图 3-33　埋入式键槽加工参数设置

3．设置几何参数。拾取主视图和左视图中的原点、起点和终点，如图 3-34 所示。

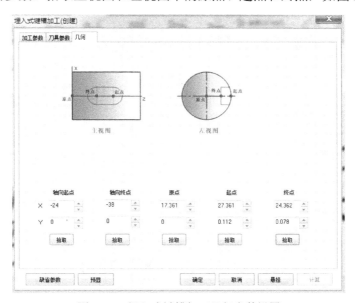

图 3-34　埋入式键槽加工几何参数设置

4．选择 $\phi4$ 键槽铣刀，单击"确定"按钮。生成如图 3-35 所示的埋入式键槽加工轨迹。

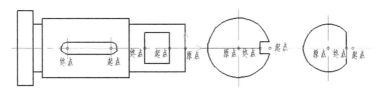

图 3-35　埋入式键槽加工轨迹

5．在"数控车"选项卡中，单击"仿真"生成栏中的"线框仿真"按钮⊗，弹出"线框仿真"对话框，如图 3-36 所示，单击"拾取"按钮，拾取埋入式键槽加工轨迹，单击右键结束加工轨迹拾取，单击"前进"按钮，开始埋入式键槽加工仿真过程。

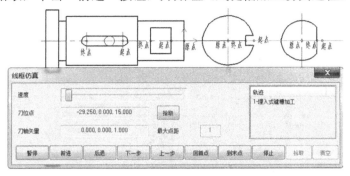

图 3-36　埋入式键槽加工轨迹仿真

6．在"数控车"选项卡中，单击"后置处理"生成栏中的"后置处理"按钮 **G**，弹出"后置处理"对话框，选择控制系统文件"车削加工中心-4 x-XYZC"，单击"拾取"按钮，拾取加工轨迹，然后单击"后置"按钮，弹出"编辑代码"对话框，生成埋入式键槽加工程序，如图 3-37 所示。

图 3-37　埋入式键槽加工程序

3.3.3　圆柱轴类零件开放式键槽加工

1．在 *B-B* 剖面位置加工键槽。在右端面中心建立工件坐标系，确定开放键槽加工起点、终点和原点，如图 3-38 所示。

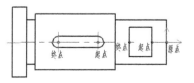

图 3-38　开放键槽加工起点和终点

2．在"数控车"选项卡中，单击"C 轴"加工栏中的"开放式键槽加工"按钮，弹出"开放式键槽加工"对话框，加工参数设置如图 3-39 所示。

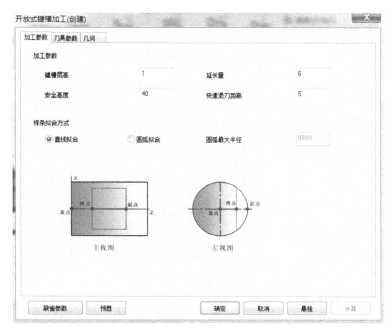

图 3-39　埋入式键槽加工参数设置

3．设置几何参数。拾取主视图和左视图中的原点、起点和终点，如图 3-40 所示。

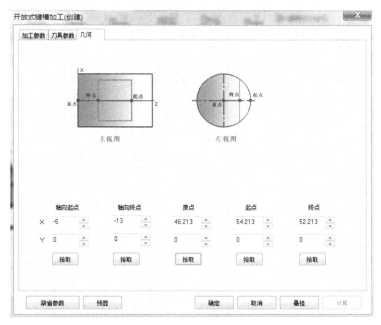

图 3-40　开放式键槽加工几何参数设置

4．选择 $\phi 4$ 键槽铣刀，单击"确定"按钮，生成如图 3-41 所示的开放式键槽加工轨迹。

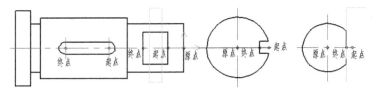

图 3-41　开放式键槽加工轨迹

5．在"数控车"选项卡中，单击"仿真"生成栏中的"线框仿真"按钮⊗，弹出"线框仿真"对话框，如图 3-42 所示，单击"拾取"按钮，拾取加工轨迹，单击右键结束加工轨迹拾取，单击"前进"按钮，开始仿真加工过程。

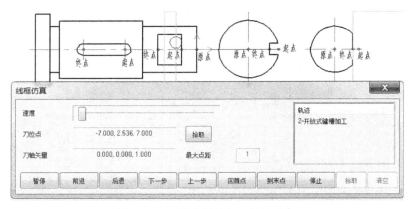

图 3-42　开放式键槽加工轨迹仿真

6．在"数控车"选项卡中，单击"后置处理"生成栏中的"后置处理"按钮 **G**，弹出"后置处理"对话框，选择控制系统文件"车削加工中心-4 x-XYZC"，单击"拾取"按钮，拾取加工轨迹，然后单击"后置"按钮，弹出"编辑代码"对话框，生成开放式键槽加工程序，如图 3-43 所示。

图 3-43　开放式键槽加工程序

课后练习

1. 完成如图 3-44 所示椭圆柱零件的造型设计和椭圆柱面的粗精加工。

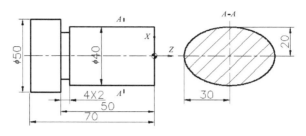

图 3-44　椭圆柱零件图

2. 采用圆柱面径向 G01 钻孔加工功能来编写如图 3-45 所示的圆柱零件的径向钻孔加工程序。

3. 采用圆柱端面 G01 钻孔加工功能来编写如图 3-46 所示的圆柱零件的端面钻孔加工程序。

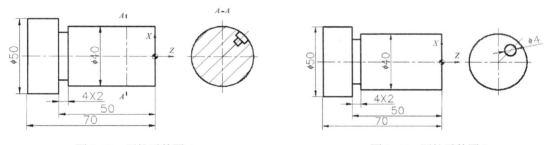

图 3-45　圆柱零件图 1　　　　　　　　　　　　图 3-46　圆柱零件图 2

4. 采用埋入式键槽加工功能来编写如图 3-47 所示的圆柱零件的键槽加工程序。

5. 采用开放式键槽加工功能来编写如图 3-48 所示的圆柱零件的平面加工程序。

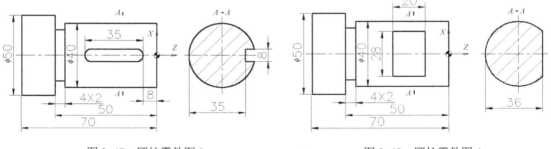

图 3-47　圆柱零件图 3　　　　　　　　　　　　图 3-48　圆柱零件图 4

第4章 数控大赛车削零件的设计与车削加工

  CAXA 数控车 2020 是具有自主知识产权的国产数控编程软件。CAXA 数控车软件是全国高职和中职数控车削技能大赛指定软件之一，如今已得到学校和企业的广泛认可。有了 CAXA 这个编程利器，可以让困于手动编程中节点计算问题上的选手得到解放；在平时的训练中，这种手工编程和自动编程组合完成全部加工的形式也用得最多。

  本章实例来源于全国数控车技能大赛训练题，通过学习梯形螺纹配合件 1、圆锥面配合件 2 和变螺距螺纹配合件 3 的设计与车削加工实例，学习 CAXA 数控车 2020 软件常用绘图和编辑方法，学习 CAXA 数控车 2020 软件梯形螺纹加工、偏心槽外轮廓粗加工、余弦曲线外轮廓粗加工、余弦曲线外轮廓精加工和变螺距螺纹加工方法。引导读者学会组合工件的加工编程方法，相信读者通过系统的学习和实际操作，可以达到相应的技术水平。

◎ 技能目标
- 巩固数控车床常用绘图及编辑方法。
- 掌握 CAXA 数控车外圆面偏心槽的加工方法。
- 掌握 CAXA 数控车余弦曲线的绘制与加工方法。
- 掌握 CAXA 数控车变螺距螺纹的加工方法。
- 掌握配合件的加工工艺分析方法。

  本章主要完成如图 4-1 所示组合工件 1、工件 2、工件 3 的轮廓设计及外圆面切槽、余弦曲线的加工和变螺距螺纹加工程序的编制。零件材料为 45 钢。图 4-1 为装配图。该组合工件具有内、外螺纹相互配合，圆锥面相互配合等特点。

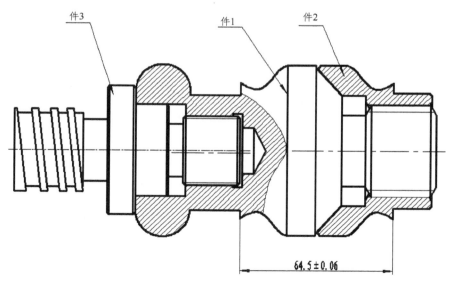

图 4-1 装配图

读装配图和零件图,确定装配图是由工件 1、2 和 3 组成,通过螺纹相互结合。外螺纹切削前,其外径要取较大的负差,内螺纹的孔径要取较大的正差。

实例 4.1 梯形螺纹配合件 1 的设计与车削加工

完成如图 4-2 所示配合件 1 的零件的造型设计、梯形螺纹加工、偏心槽外轮廓粗加工和余弦曲线外轮廓粗加工。

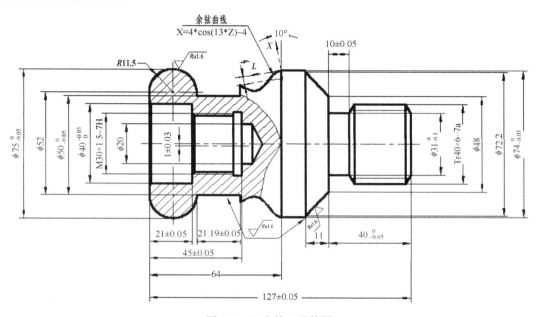

图 4-2 配合件 1 零件图

经过分析配合件 1 零件图可知,此零件为轴类零件,难点为外轮廓加工和梯形螺纹加工,所以本例重点就梯形螺纹加工、偏心槽外轮廓粗加工和余弦曲线外轮廓粗加工进行编程讲解,其他内轮廓加工内容就省略了。

4.1.1 零件 CAD 造型设计

4.1.1 零件 CAD 造型设计

1.在"常用"选项卡中,单击"绘图"生成栏中的"孔/轴"按钮,用鼠标捕捉右边中心点,这时出现新的立即菜单,在"2:起始直径"和"3:终止直径"文本框中分别输入轴的直径"31",移动鼠标,则跟随着光标将出现一个长度动态变化的轴,键盘输入轴的长度"30",右击结束命令。继续修改其他段直径,输入长度值后回车,右击结束命令,即可完成零件的外轮廓绘制,如图 4-3 所示。

2.在"常用"选项卡中,单击"修改"生成栏中的"等距线"按钮,在下面的立即栏中输入等距距离"64",拾取要等距的线,方向向左,同理完成其他等距线,如图 4-3 所示。

3.在"常用"选项卡中,单击"绘图"生成栏中的"圆"按钮,选择"圆心-半径"方式,输入圆心坐标(-115.5,26),输入半径"11.5",回车,完成 R11.5 圆的绘制。同理完成下边圆心坐标(-115.5,-26)、半径 R11.5 圆的绘制,如图 4-4 所示。

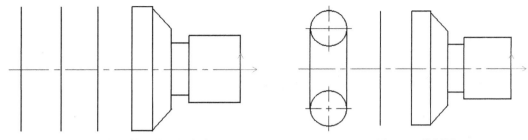

图 4-3 绘制工件 1 外形轮廓线   图 4-4 绘制圆

4．在"常用"选项卡中，单击"绘图"生成栏中的"公式曲线"按钮 ，弹出"公式曲线"对话框，如图 4-5 所示。输入起始值"-40"，终止值"0"，余弦曲线方程 X(t)=t，Y(t)=4*cos(13*t)-4，单击"确定"按钮，捕捉曲线定位点 A，完成余弦曲线的绘制，如图 4-6 所示。

图 4-5 "公式曲线"对话框

5．在"常用"选项卡中，单击"修改"生成栏中的"旋转"按钮 ，选择立即菜单中的"给定角度"、"旋转"方式，单击拾取余弦曲线，单击右键，捕捉基点 A，输入旋转角度"10"，完成余弦曲线的旋转。单击"修改"生成栏中的"裁剪"按钮 ，单击多余线，裁剪多余线，最后删除多余的线条。补画螺纹牙底线，结果如图 4-7 所示。

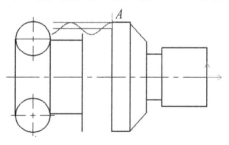

图 4-6 绘制余弦曲线

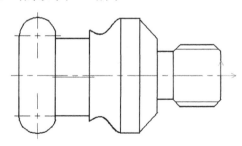

图 4-7 旋转余弦曲线

6．在"常用"选项卡中，单击"绘图"生成栏中的"孔/轴"按钮 ，用鼠标捕捉左边中心点，这时出现新的立即菜单，在"2:起始直径"和"3:终止直径"文本框中分别输入轴的直径"40"，移动鼠标，则跟随着光标将出现一个长度动态变化的轴，键盘输入轴的长度"21"，右击结束命令。继续修改其他段直径，输入长度值后回车，右击结束命令，完成零件其他内轮廓线的绘制，如图 4-8 所示。

7. 在"常用"选项卡中，单击"绘图"生成栏中的"样条曲线"按钮 ⌒，捕捉上、中、下几个点，单击右键完成样条曲线绘制。单击"绘图"生成栏中的"剖面线"按钮 ▦，单击拾取上边环内一点，单击拾取下边环内一点，单击右键结束命令，完成剖面线填充，如图 4-9 所示。

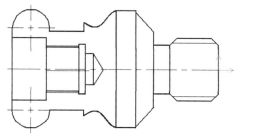

图 4-8 绘制内孔轮廓线

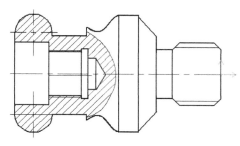

图 4-9 绘制剖面线

 操作技巧：

　　在数控编程时，零件图中标注了尺寸偏差，公差小的按照基本尺寸编程，公差大的按照基本尺寸+中差编程。为了提高加工精度，绘图时就要按照尺寸偏差计算后的数值画图。

4.1.2 配合件 1 右端梯形螺纹加工

1. 梯形螺纹基础知识。

梯形螺纹是螺纹的一种，牙型为等腰梯形，牙型角为 30°，梯形螺纹代号用"Tr"。与矩形螺纹相比，梯形螺纹传动效率略低，但工艺性好，牙根强度高，对中性好。

梯形螺纹各基本尺寸名称，如图 4-10 所示。代号及计算公式如下：

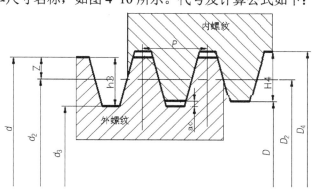

图 4-10 梯形螺纹基本尺寸图

牙顶间隙 ac：$P=1.5\sim5$　ac=0.25；$P=6\sim12$　ac=0.5；$P=14\sim44$　ac=1；
外螺纹：大径 d=公称直径；中径 $d_2=d-0.5P$；小径 $d_3=d-2h3$；牙型高度 h3=0.5P+ac；
内螺纹：大径 $D_4=d+2$ac；中径 $D_2=d_2$；小径 $D=d-P$；
牙型高度 H4=h3；牙顶宽 f=0.366P；牙槽底宽 w=0.366P-0.536ac；

螺纹升角ϕ：$tg\phi=P/\pi d2$。

2．在"常用"选项卡中，单击"绘图"生成栏中的"直线"按钮 ╱，在下面的立即菜单中，选择"两点线"、"连续"、"正交"方式，捕捉螺纹线左端点，向左绘制 7mm 到 B 点，捕捉螺纹线右端点，向右绘制 7.5mm 到 A 点，确定进退刀点 A，如图 4-11 所示。

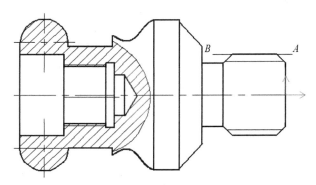

图 4-11　绘制梯形螺纹升速段和降速段

3．在"数控车"选项卡中，单击"二轴加工"生成栏中的"车螺纹加工"按钮 ▤，弹出"车螺纹加工"对话框，如图 4-12 所示。设置螺纹参数如下：选择"螺纹类型"为"外螺纹"，拾取螺纹加工起点 A，拾取螺纹加工终点 B，拾取螺纹加工进退刀点 A，"螺纹节距"设为"6"，"螺纹牙高"设为"3.5"，"螺纹头数"设为"1"。

图 4-12　螺纹参数设置

4．单击"加工参数"选项卡，设置螺纹加工参数如下：选择"粗加工+精加工"，"粗加工深度"设为"3.4"，"精加工深度"设为"0.1"，"每行切削用量"选择"恒定切削面积"，"第一刀行距"设为"0.8"，"最小行距"设为"0.1"，"每行切入方式"选择"左右交替"，如图 4-13 所示。

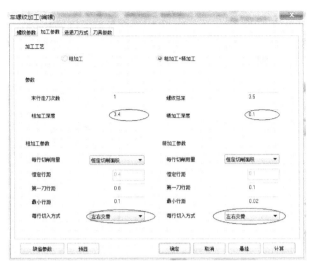

图 4-13　加工参数设置

操作技巧：

　　梯形螺纹较之三角螺纹，其螺距和牙型都大，且精度高，牙型两侧面表面粗糙度值较小，致使梯形螺纹车削时吃刀深、走刀快、切削余量大、切削抗力大。从而导致梯形螺纹的车削加工难度较大，在加工时易产生扎刀现象，因此常采用左右分层的方法来加工梯形螺纹。在车削较大螺距的梯形螺纹时，分层法通常不是一次性就把梯形槽切削出来，而是把牙槽分成若干层，转化成若干个较浅的梯形槽来进行切削，从而降低了车削难度。每一层的切削都采用先直进后左右的车削方法，由于左右切削时槽深不变，只要做向左或向右的纵向（沿导轨方向）进给即可。

---

　　5. 单击"刀具参数"选项卡，设置螺纹加工刀具参数如下："刀具角度"设为"60°"，选择"刀具种类"为"梯形螺纹"，如图 4-14 所示。

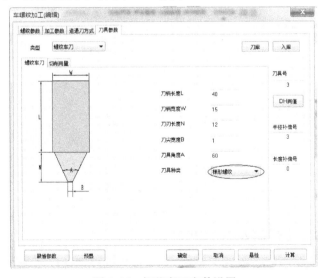

图 4-14　螺纹车刀参数设置

6．单击"切削用量参数"选项卡，设置切削用量参数如下："进刀量"设为"0.25"mm/rev，选择"恒转速"，"主轴转速"设为"500"rpm。

7．单击"确定"按钮退出"车螺纹加工"对话框，系统自动生成螺纹加工轨迹，如图 4-15 所示。

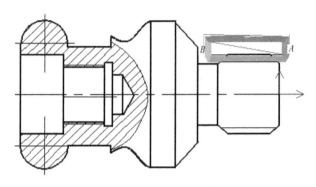

图 4-15　梯形螺纹加工轨迹

8．在"数控车"选项卡中，单击"后置处理"生成栏中的"后置处理"按钮**G**，弹出"后置处理"对话框，选择控制系统文件 Fanuc，单击"拾取"按钮，拾取加工轨迹，然后单击"后置"按钮，弹出"编辑代码"对话框，系统会自动生成螺纹加工程序，如图 4-16 所示。

图 4-16　梯形螺纹加工程序

4.1.3　配合件 1 左端偏心槽外轮廓粗加工

4.1.3　配合件 1 左端偏心槽外轮廓粗加工

1．在"常用"选项卡中，单击"修改"生成栏中的"镜像"按钮，拾取配合件 1 零件图，单击右键，拾取左端竖线作为轴线，完成零件图的镜像，如图 4-17 所示。

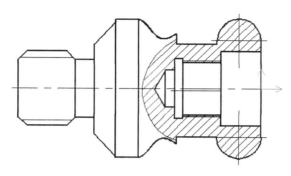

图 4-17　镜像图形

2．在"常用"选项卡中，单击"修改"生成栏中的"平移"按钮 ，将整个图形向上平移 1mm，使槽的对称中心和系统坐标中线重合。单击"绘图"生成栏中的"直线"按钮 ，在下面的立即菜单中，选择"两点线"、"连续"、"正交"方式，捕捉左角点，向上绘制 8mm，右边向上绘制 11.46mm，确定进退刀点 A，完成加工轮廓线的绘制，如图 4-18 所示。

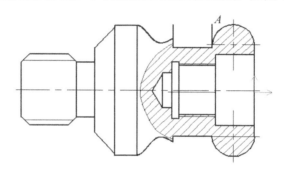

图 4-18　绘制切槽加工轮廓

> **操作技巧：**
>
> 偏心轴加工主要在装夹方面采取措施，把要加工的偏心轴轴线找正到与车床主轴轴线重合的位置。在三爪自定心卡盘加工偏心工件时，当加工偏心距小（$e \leqslant 5 \sim 6$mm）、长度短的偏心工件时，可以在三爪自定心卡盘加工，车削时，先把外圆和长度车好；然后夹在三爪自定心卡盘上，在其中一爪上垫上一个垫片，使工件产生偏心来车削。垫片的厚度可用下面公式计算：
>
> $$X = 1.5e \times (1 - e/2d)$$
>
> 其中 X＝垫片厚度；e＝工件的偏心距；d＝三爪夹住部分的直径。在实际车削时，由于长爪和工件接触位置有偏差，加上垫片夹紧后的变形还需要加上一个修正常数。
>
> 在本例中，该工件的偏心距 $e = 1$mm，直径为 50mm，经计算垫片的厚度 $X = 1.5e \times (1 - e/2d) = 0.51$(mm)。

3．在"数控车"选项卡中，单击"二轴加工"生成栏中的"车削槽加工"按钮 ，弹出"车削槽加工"对话框，如图 4-19 所示。加工参数设置如下："切槽表面类型"选择"外轮廓","加工方向"选择"纵深","加工余量"设为"0.2","平移步距"设为"2","切深行距"设为"1","退刀距离"设为"2","刀尖半径补偿"选择"编程时考虑半径补偿"。

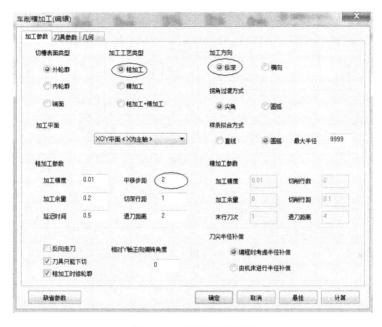

图4-19 加工参数设置

4．刀具参数设置。选择宽度 5mm 的切槽刀,"刀尖半径"设为"0.2","刀具位置"设为"3.5","编程刀位"选择"前刀尖",如图4-20所示。

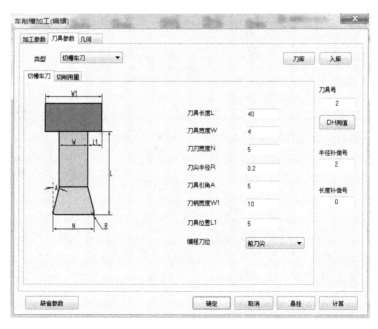

图4-20 刀具参数设置

5. 切削用量设置如下："进刀量"设为"0.05"mm/rev，"主轴转速"设为"400"rpm，如图 4-21 所示。单击"确定"按钮退出对话框，采用单个拾取方式，拾取被加工轮廓，单击右键，拾取进退刀点 A，结果生成切槽加工轨迹，如图 4-22 所示。

图 4-21　切削用量设置

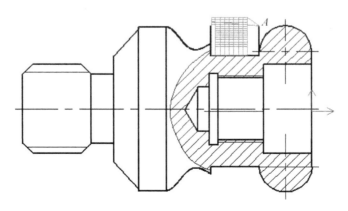

图 4-22　切槽加工轨迹

6. 在"数控车"选项卡中，单击"后置处理"生成栏中的"后置处理"按钮，弹出"后置处理"对话框，选择控制系统文件 Fanuc，单击"拾取"按钮，拾取切槽加工轨迹，然后单击"后置"按钮，弹出"编辑代码"对话框，系统自动会生成切槽加工程序，如图 4-23所示。

图 4-23　切槽加工程序

4.1.4　配合件 1 左端余弦曲线外轮廓粗加工

4.1.4　配合件 1
左端余弦曲线
外轮廓粗加工

1．在"常用"选项卡中，单击"绘图"生成栏中的"直线"按钮 ∕ ，在下面的立即菜单中，选择"两点线"、"连续"、"正交"方式，捕捉左交点，向左绘制 2mm 竖直线，向右绘制 23mm 水平线到达 A 点，单击"修改"生成栏中的"延伸"按钮 ，完成毛坯轮廓绘制，结果如图 4-24 所示。

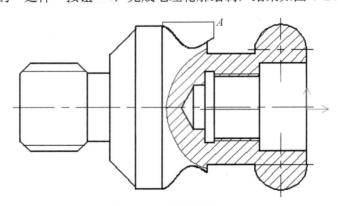

图 4-24　毛坯轮廓绘制

2．在"数控车"选项卡中，单击"二轴加工"生成栏中的"车削粗加工"按钮 ，弹出"车削粗加工"对话框，如图 4-25 所示。加工参数设置如下："加工表面类型"选择"外轮廓"，"加工方式"选择"行切"，"加工角度"设为"180"，"切削行距"设为"0.5"，"主偏干涉角"设为"3"，"副偏干涉角"设为"72.5"，"刀尖半径补偿"选择"编程时考虑半径补偿"，"拐角过渡方式"设为"圆弧过渡"。

图 4-25　车削粗加工参数设置

3．刀具参数设置如下：选择 35°尖刀，"刀尖半径"设为"0.3"，"副偏角"设为"72.5"，"刀具偏置方向"为"对中"，"对刀点"为"刀尖圆心"，"刀片类型"为"球形刀片"，"进刀量"设为"0.1"mm/rev，"主轴转速"设为"800"rpm，如图 4-26 所示。

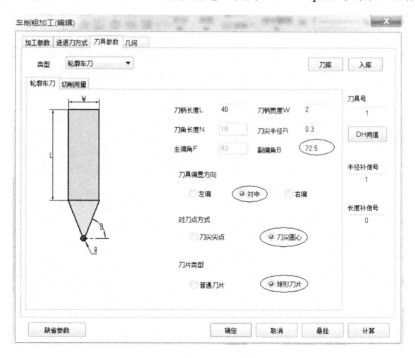

图 4-26　粗车刀具参数设置

4．单击"确定"按钮退出对话框，采用单个拾取方式，拾取被加工轮廓，单击右键，拾取毛坯轮廓，毛坯轮廓拾取完后，单击右键，拾取进退刀点 *A*，结果生成余弦曲线外轮廓粗加工轨迹，如图 4-27 所示。

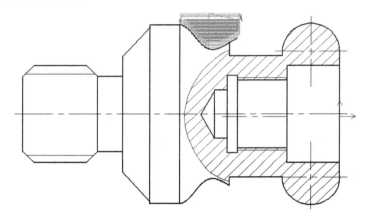

图 4-27　余弦曲线外轮廓粗加工轨迹

5．在"数控车"选项卡中，单击"后置处理"生成栏中的"后置处理"按钮**G**，弹出"后置处理"对话框，选择控制系统文件 Fanuc，单击"拾取"按钮，拾取加工轨迹，然后单击"后置"按钮，弹出"编辑代码"对话框，如图 4-28 所示，生成余弦曲线外轮廓粗加工程序。

图 4-28　余弦曲线外轮廓粗加工程序

实例 4.2 圆锥面配合件 2 的设计与车削加工

完成如图 4-29 所示配合件 2 的零件的造型设计、外轮廓粗加工和余弦曲线外轮廓精加工。

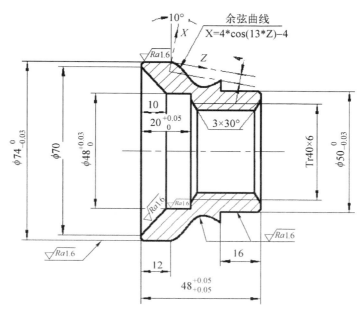

图 4-29 配合件 2 零件图

经过分析配合件 2 零件图可知，此零件为套筒类零件，难点为外轮廓加工，所以本例重点就外轮廓和余弦曲线外轮廓进行编程加工，其他内轮廓加工内容就省略了。

4.2.1 零件 CAD 造型设计

1. 在"常用"选项卡中，单击"绘图"生成栏中的"孔/轴"按钮▥，用鼠标捕捉右边中心点，这时出现新的立即菜单，在"2:起始直径"和"3:终止直径"文本框中分别输入轴的直径"32.2"，移动鼠标，则跟随着光标将出现一个长度动态变化的轴，键盘输入轴的长度"28"，右击结束命令。继续修改其他段直径，输入长度值后回车，右击结束命令，即可完成零件的内外轮廓绘制，如图 4-30 所示。

2. 在"常用"选项卡中，单击"绘图"生成栏中的"公式曲线"按钮◠，弹出"公式曲线"对话框，如图 4-31 所示，输入起始值"0"，终止值"40"，余弦曲线方程 $X(t)=t$，$Y(t)=4*\cos(13*t)-4$，单击"确定"按钮，捕捉曲线定位点 A，完成余弦曲线的绘制。单击"修改"生成栏中的"旋转"按钮◔，选择立即菜单中的"给定角度"、"旋转"方式，单击拾取余弦曲线，单击右键，捕捉基点 A，输入旋转角度"-10"，完成余弦曲线的旋转，如图 4-32 所示。

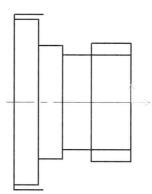

图 4-30 绘制内外轮廓线

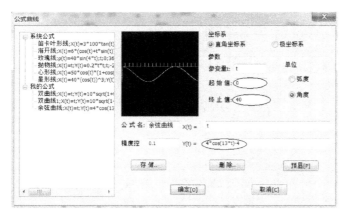

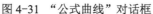

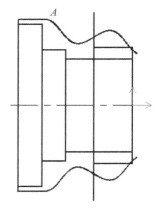

图4-31　"公式曲线"对话框　　　　　　　　图4-32　绘制余弦曲线

3．在"常用"选项卡中，单击"修改"生成栏中的"裁剪"按钮，单击多余线，裁剪多余线，最后删除多余的线条。补画螺纹牙底线，结果如图4-33所示。

4．单击"绘图"生成栏中的"剖面线"按钮，单击拾取上边环内一点，单击拾取下边环内一点，单击右键结束，完成剖面线填充，如图4-34所示。

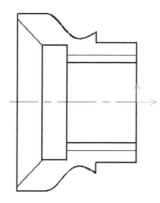

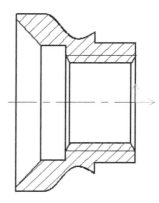

图4-33　绘制内轮廓线　　　　　　　　图4-34　绘制剖面线

4.2.2　配合件2外轮廓粗加工

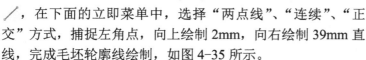

1．在"常用"选项卡中，单击"绘图"生成栏中的"直线"按钮，在下面的立即菜单中，选择"两点线"、"连续"、"正交"方式，捕捉左角点，向上绘制2mm，向右绘制39mm直线，完成毛坯轮廓线绘制，如图4-35所示。

2．在"数控车"选项卡中，单击"二轴加工"生成栏中的"车削粗加工"按钮，弹出"车削粗加工"对话框，如图4-36所示。加工参数设置如下："加工表面类型"选择"外轮廓"，"加工方式"选择"行切"，"加工角度"设为"180"，"切削行距"设为"0.5"，"径向余量"设为"0.3"，

图4-35　绘制加工轮廓和毛坯轮廓

"轴向余量"设为"0.15","主偏干涉角"设为"3","副偏干涉角"设为"20","刀尖半径补偿"选择"编程时考虑半径补偿"。

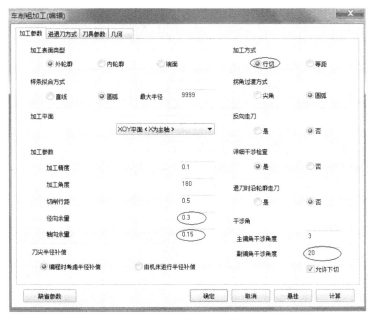

图 4-36　车削粗加工参数设置

3．设置刀具参数。选择 93°外轮廓车刀，"刀尖半径"设为"0.3"，"主偏角"设为"93"，"副偏角"设为"20"，"刀具偏置方向"为"左偏"，"对刀点"为"刀尖尖点"，"刀片类型"为"普通刀片"，如图 4-37 所示。

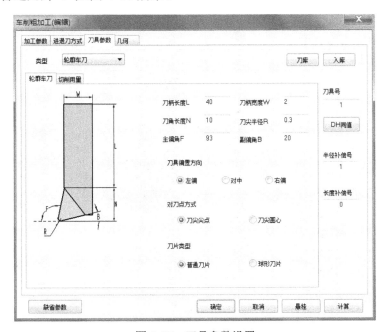

图 4-37　刀具参数设置

4. 单击"确定"按钮退出对话框，采用单个拾取方式，拾取被加工轮廓，单击右键，拾取毛坯轮廓，毛坯轮廓拾取完后，单击右键，拾取进退刀点 A，结果生成配合件 2 外轮廓粗加工轨迹，如图 4-38 所示。

5. 在"数控车"选项卡中，单击"后置处理"生成栏中的"后置处理"按钮 **G**，弹出"后置处理"对话框，选择控制系统文件 Fanuc，单击"拾取"按钮，拾取加工轨迹，然后单击"后置"按钮，弹出"编辑代码"对话框，如图 4-39 所示，生成配合件 2 外轮廓粗加工程序，在此也可以编辑修改加工程序。

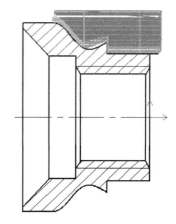

图 4-38　配合件 2 外轮廓粗加工轨迹

图 4-39　配合件 2 外轮廓粗加工程序

4.2.3　配合件 2 余弦曲线外轮廓精加工

1. 在"常用"选项卡中，单击"修改"生成栏中的"延伸"按钮，将余弦曲线向右延伸 3mm，完成加工轮廓绘制，在右上面确定退刀点 A，结果如图 4-40 所示。

4.2.3　配合件 2 余弦曲线外轮廓精加工

2. 在"数控车"选项卡中，单击"二轴加工"生成栏中的"车削精加工"按钮，弹出"车削精加工"对话框，如图 4-41 所示。加工参数设置如下："加工表面类型"选择"外轮廓"，"反向走刀"设为"否"，"切削行距"设为"0.2"，"主偏干涉角"要求小于"0"，"副偏干

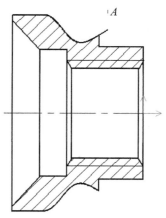

图 4-40　绘制余弦曲线精加工轮廓

涉角"设为"72.5","刀尖半径补偿"选择"编程时考虑半径补偿","径向余量"和"轴向余量"都设为"0"。

图 4-41　车削精加工参数设置

3．设置刀具参数。选择 35°尖刀，"刀尖半径"设为"0.2","副偏角"设为"72.5"，"刀具偏置方向"为"对中","对刀点"为"刀尖圆心","刀片类型"为"球形刀片"。"进刀量"设为"0.1"mm/rev，"主轴转速"设为"800"rpm，如图 4-42 所示。

4．单击"确定"按钮退出对话框，采用单个拾取方式，拾取被加工轮廓，单击右键，拾取进退刀点 A，结果生成余弦曲线外轮廓精加工轨迹，如图 4-43 所示。

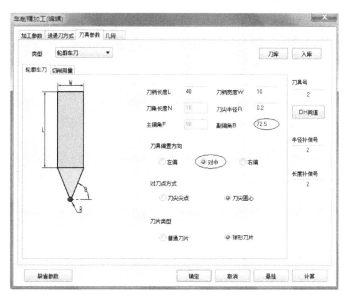

图 4-42　精车刀具参数设置

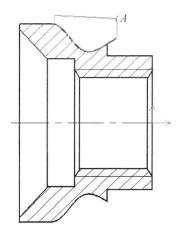

图 4-43　余弦曲线外轮廓精加工轨迹

5．在"数控车"选项卡中，单击"后置处理"生成栏中的"后置处理"按钮**G**，弹出"后置处理"对话框，选择控制系统文件Fanuc，单击"拾取"按钮，拾取精加工轨迹，然后单击"后置"按钮，弹出"编辑代码"对话框，如图4-44所示，生成余弦曲线外轮廓精加工程序。

图4-44　余弦曲线外轮廓精加工程序

实例4.3　变螺距螺纹配合件3的设计与车削加工

如图4-45所示配合件3零件图，完成右端M30×1.5的螺纹编程加工和左端变螺距螺纹编程加工。

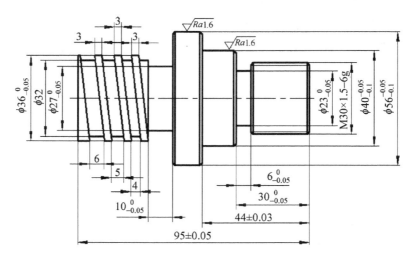

图4-45　配合件3零件图

经过分析配合件3零件图可知，此零件为阶梯轴，难点为螺纹加工，所以本例重点采用G76固定循环指令来加工M30×1.5的螺纹，左端变螺距螺纹采用G34指令来编程加工。

4.3.1　零件 CAD 造型设计

4.3.1　零件
CAD 造型设计

1．在"常用"选项卡中，单击"绘图"生成栏中的"孔/轴"按钮，用鼠标捕捉右边中心点，这时出现新的立即菜单，在"2:起始直径"和"3:终止直径"文本框中分别输入轴的直径"30"，移动鼠标，则跟随着光标将出现一个长度动态变化的轴，键盘输入轴的长度"24"，右击结束命令。继续修改其他段直径，输入长度值后回车，右击结束命令，即可完成零件的外轮廓绘制，如图 4-46 所示。

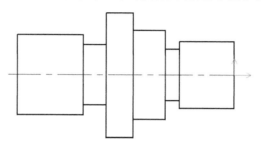

图 4-46　绘制外轮廓线

2．在"常用"选项卡中，单击"修改"生成栏中的"倒角"按钮，在下面的立即菜单中，选择"长度"、"裁剪"，输入倒角距离"1"，角度"45"，拾取要倒角的第一条边线，拾取第二条边线，一个倒角完成。同样方法完成其他倒角的绘制。然后用"直线"命令绘制倒角直线，如图 4-47 所示。

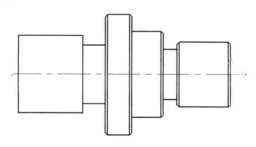

图 4-47　绘制倒角直线

3．在"常用"选项卡中，单击"修改"生成栏中的"等距线"按钮，在下面的立即栏中输入等距距离"3"，拾取要等距的线，方向向左，同理完成其他等距线的绘制，如图 4-48 所示。

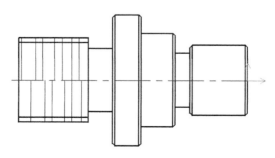

图 4-48　绘制等距线

4．在"常用"选项卡中，单击"绘图"生成栏中的"直线"按钮 ✎，在下面的立即菜单中，选择"两点线"、"连续"、"非正交"方式，捕捉上下交点，连接变螺距螺纹轮廓线，同样方法连接其他变螺距螺纹轮廓线。单击"修改"生成栏中的"裁剪"按钮 ✂，单击多余线，裁剪多余线，最后删除多余的线条，完成变螺距螺纹轮廓线绘制，如图4-49所示。

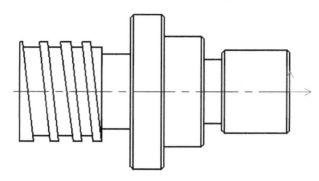

图4-49　绘制变螺距螺纹线

4.3.2　配合件3右端螺纹加工

用复合螺纹循环指令加工外螺纹，和G76指令一样，按指令规定的轨迹及指定的切削参数自动分层进行螺纹切削循环，直到达到参数规定的要求，该指令适用于大螺距圆柱和圆锥螺纹的切削循环加工。

4.3.2　配合件3
右端螺纹加工

1．在"常用"选项卡中，单击"绘图"生成栏中的"直线"按钮 ✎，在下面的立即菜单中，选择"两点线"、"连续"、"正交"方式，捕捉螺纹线左端点，向左绘制4mm到 *B* 点，捕捉螺纹线右端点，向右绘制5mm到 *A* 点，确定进退刀点 *A*，如图4-50所示。

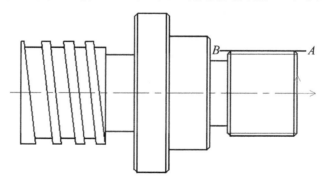

图4-50　绘制螺纹加工引入引出线

2．在"数控车"选项卡中，单击"二轴加工"生成栏中的"螺纹固定循环"按钮 ▦，弹出"螺纹固定循环"对话框，如图4-51所示。设置螺纹参数如下：选择"螺纹类型"为"外螺纹"，拾取螺纹加工起点 *A*，拾取螺纹加工终点 *B*，拾取螺纹加工进退刀点 *A*，"螺纹节距"设为"1.5"，"螺纹牙高"设为"0.975"。

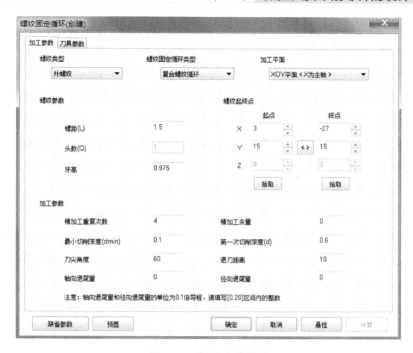

图 4-51　螺纹参数设置

3．单击"刀具参数"选项卡，设置螺纹加工刀具参数如下："刀具角度"设为"60"，选择"刀具种类"为"米制螺纹"，如图 4-52 所示。

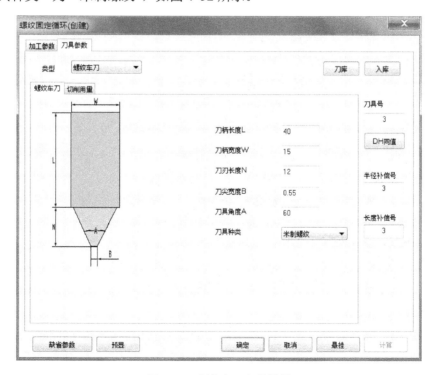

图 4-52　螺纹车刀参数设置

4．单击"确定"按钮退出螺纹固定循环对话框，系统自动生成螺纹加工轨迹，如图 4-53 所示。

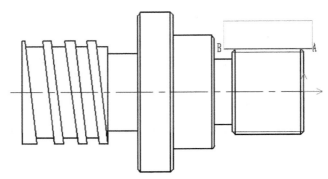

图 4-53　G76 螺纹加工轨迹

5．在"数控车"选项卡中，单击"后置处理"生成栏中的"后置处理"按钮 **G**，弹出"后置处理"对话框，选择控制系统文件 Fanuc，单击"拾取"按钮，拾取加工轨迹，然后单击"后置"按钮，弹出"编辑代码"对话框，系统会自动生成螺纹加工程序，如图 4-54 所示。

图 4-54　螺纹加工程序

本例中采用 G76 螺纹循环指令来加工螺纹，其指令格式如下：

> G76　X(U)　Z(W)　R(i)　P(k)　Q(Δd)　F(L);

式中参数含义如下：

X(U)、Z(W)：螺纹终点绝对坐标或增量坐标；

i：螺纹锥度值，用半径编程指定，如果 i=0 则为直螺纹，可省略；

K：螺纹高度，用半径编程指定，单位：微米；

L：螺纹的导程；

Δd：第一次车削深度，用半径编程指定，单位：微米。

🔧 **操作技巧：**

　　G76 螺纹循环指令是采用斜进式进刀方法进行的，由于单侧刀刃切削工作容易造成刀刃损伤和磨损，使加工的螺纹面不直，造成牙型精度较差，所以 G76 指令所用的切削深度也是递减式的，这种加工方法适用于高精度螺纹和大螺距螺纹的加工，一般很少采用。

4.3.3　配合件 3 左端变螺距螺纹加工

1. 在"常用"选项卡中，单击"绘图"生成栏中的"直线"
按钮 ╱，在下面的立即菜单中，选择"两点线"、"连续"、"正
交"方式，捕捉螺纹线左端交点，向左绘制 6mm 到 *D* 点，捕捉螺纹线右端点，向右绘制
10mm 到 *C* 点，确定进退刀点 *C*，如图 4-55 所示。

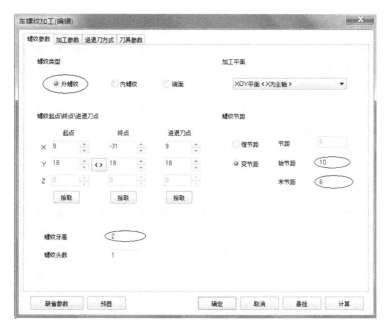

图 4-55　绘制螺纹加工引入引出线

2. 在"数控车"选项卡中，单击"二轴加工"生成栏中的"车螺纹加工"按钮 ╠，弹
出"车螺纹加工"对话框，如图 4-56 所示。设置螺纹参数如下：选择"螺纹类型"为"外
螺纹"，拾取螺纹加工起点 *C*，拾取螺纹加工终点 *D*，拾取螺纹加工进退刀点 *C*，"螺纹节
距"选择"变节距"，"始节距"设为"10"，"末节距"设为"6"，"螺纹牙高"设为"2"，
"螺纹头数"设为"1"。

图 4-56　螺纹参数设置

3．单击"加工参数"选项卡，设置螺纹加工参数如下："加工工艺"选择"粗加工"，"粗加工深度"设为"2"，"每行切削用量"选择"恒定切削面积"，"第一刀行距"设为"0.4"，"最小行距"设为"0.1"，"每行切入方式"选择"沿牙槽中心线"，如图4-57所示。

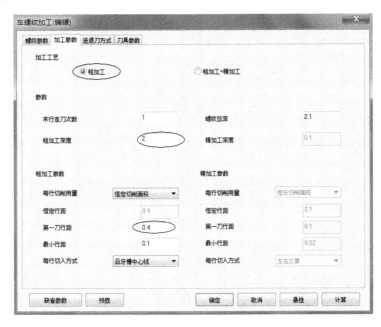

图4-57　加工参数设置

4．单击"刀具参数"选项卡，设置螺纹加工刀具参数如下："刀尖宽度"设为"2"，"刀具角度"设为"60"，选择"刀具种类"为"方牙螺纹"，如图4-58所示。

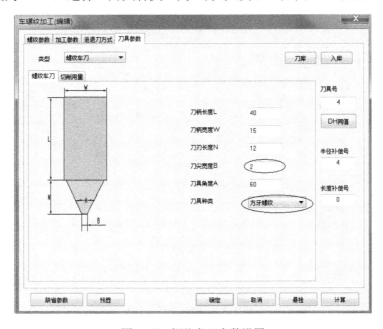

图4-58　螺纹车刀参数设置

5. 单击"切削用量参数"选项卡，设置切削用量参数如下："进刀量"设为"0.15"mm/rev，选择"恒转速"，"主轴转速"设为"440"rpm。

6. 单击"确定"按钮退出"车螺纹加工"对话框，系统会自动生成螺纹加工轨迹，如图 4-59 所示。

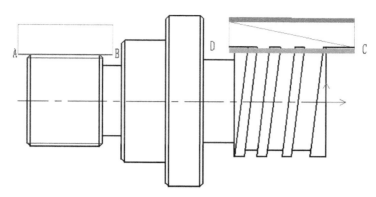

图 4-59 G34 螺纹加工轨迹

7. 在"数控车"选项卡中，单击"后置处理"生成栏中的"后置处理"按钮 **G**，弹出"后置处理"对话框，选择控制系统文件 Fanuc，单击"拾取"按钮，拾取加工轨迹，然后单击"后置"按钮，弹出"编辑代码"对话框，系统会自动生成螺纹加工程序，如图 4-60 所示。

图 4-60 G34 螺纹加工程序

本例中用到变导程螺纹的切削指令是

G34 X(U)___ Z(W)___ F___ K±___

其中 X、Z 是指车削的终点坐标值，U、W 是指切削终点相对起点的增量坐标值，F 为所加工变螺距螺纹的初始螺距，这些与螺纹切削指令 G32 的意义相同，K 值为主轴每转过一圈时，螺距的增量或减量，如果 K 为正值，那么螺距为递增，K 为负值，则递减。

课后练习

完成如图 4-61 和图 4-62 所示锥面配合组合工件的轮廓设计及内外轮廓的粗精加工程序编制。图 4-63 为装配图，已知工件 1 毛坯尺寸为毛坯材料ϕ50mm×98mm，工件 2 毛坯尺寸为ϕ50mm×60mm，材料为 45 钢。

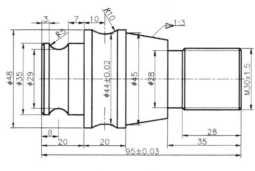

图 4-61　工件 1

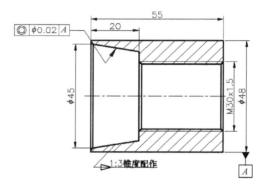

图 4-62　工件 2

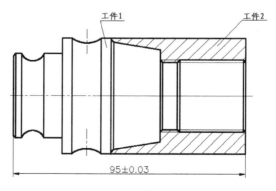

图 4-63　装配图

第2篇　CAXA 制造工程师 2020 自动编程

第5章　平面类典型零件的设计与铣削加工

　　CAXA 制造工程师 2020 是基于 CAXA 3D 实体设计 2020 平台开发的 CAD/CAM 一体化系统。在建模方面，采用精确的特征实体造型技术，同时继承和发展了 CAXA 制造工程师以前版本的线架、曲面造型功能；在加工方面，涵盖了从两轴到五轴的数控铣功能，将三维 CAD 模型与 CAM 加工技术无缝集成；支持先进实用的轨迹参数化和批处理功能，支持高速切削，提供了知识加工功能、通用后置处理器，还包含大量设计元素库。

　　本章以薄片零件、平面凸台零件、圆弧槽零件和双称钩零件的造型设计与铣削加工为例，介绍了 CAXA 制造工程师 2020 的二维造型、实体造型、建立毛坯、加工坐标系建立及程序生成的方法，重点学习平面区域粗加工、平面轮廓精加工、倒斜角铣削加工、平面摆线槽铣削加工、平面光铣加工和切割加工等功能。

　　◎技能目标
- 了解 CAXA 制造工程师 2020 操作界面。
- 掌握 CAXA 制造工程师 2020 基本绘图和造型功能。
- 掌握平面区域粗加工、平面轮廓精加工功能。
- 掌握倒斜角和平面摆线槽加工及仿真功能。
- 掌握平面光铣加工、切割加工和雕刻加工及仿真功能。

实例 5.1　薄片零件的二维 CAD 造型设计与铣削加工

　　完成如图 5-1 所示的薄片零件二维 CAD 造型设计、轮廓外区域粗加工及外轮廓精加工程序编制。零件材料为 45 钢，零件厚度为 5mm，毛坯为直径 90mm 的棒料。毛坯的上下表面已满足加工要求。

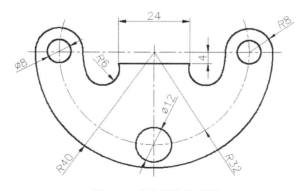

图 5-1　薄片零件尺寸图

此零件是二维平面模型，可以只绘制平面轮廓图形，利用"平面区域粗加工"和"平面轮廓精加工"功能进行加工，加工深度可通过设置底层高度实现，这样做简化了造型，方便加工。

5.1.1　零件
CAD造型设计

5.1.1　零件 CAD 造型设计

1．在工程模式环境中打开曲线功能区，单击"三维曲线"按钮 ，在基本绘图面板上，单击"直线"按钮 两点线，在正交状态下，捕捉坐标中心点，向右绘制，输入"45"回车，同理向左绘制 45mm，完成水平线绘制。单击"圆"按钮 圆:圆心_半径，捕捉坐标中心点，输入半径"32"回车，完成 R32 圆的绘制。同理完成其他圆的绘制，如图 5-2 所示。

2．在基本绘图面板上，单击"平行线"按钮 平行线，单击拾取水平中线，输入平行线之间的距离"4"回车，完成距离为 4mm 的平行线的绘制。在左右各作距离为 12mm 的水平线，确定 A 点位置，如图 5-3 所示。

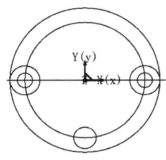

图 5-2　绘制各个圆

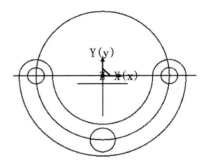

图 5-3　绘制 R28 圆

3．在基本绘图面板上，单击"圆"按钮 圆:两点_半径，捕捉左边直线端点 A，按空格键弹出"工具点"菜单，单击"切点"项，在 B 点附近捕捉切点，输入半径"6"，回车结束，完成 R6 圆弧的绘制，同理完成右边 R6 圆弧的绘制。在基本修改面板上，单击"修改"按钮 ，选择"裁剪" 裁剪 功能，单击裁剪不需要的线，删除多余线条，如图 5-4 所示。

4．单击 完成 图标的下拉按钮，单击"完成"按钮 完成，结束三维曲线绘制，如图 5-5 所示。

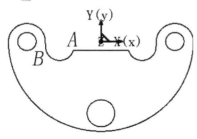

图 5-4　绘制各个圆

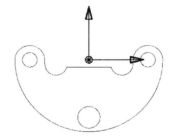

图 5-5　零件轮廓线

> ⚜ **操作技巧：**
>
> CAXA 制造工程师 2020 中有两种设计模式：工程设计模式和创新设计模式，通过单击操作界面状态栏右侧的图标 中的小三角来切换。

工程设计模式是传统的三维设计方法，这种模式要求严格按照草图设计、实体生成、特征定义、约束定义等过程进行设计，设计步骤较多，设计效率相对较低。

创新设计模式在数字样机设计中有明显优势，无约束设计、无约束装配等特性可以快速完成三维模型的搭建，支持企业产品的方案展示与快速报价等功能要求，并方便生成后续的二维工程图。

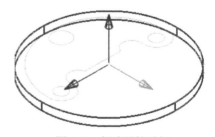

5.1.2　薄片零件轮廓外区域铣削粗加工

5.1.2　薄片零件轮廓外区域铣削粗加工

1. 右击加工管理树中的毛坯，在弹出的菜单中选择"创建毛坯"，打开"创建毛坯"对话框，如图 5-6 所示。选择圆柱体毛坯，设置"高度"为"5"，"半径"为"45"，底面中心坐标（0,0,-5），单击"确定"退出后，创建了一个圆柱体毛坯，如图 5-7 所示。

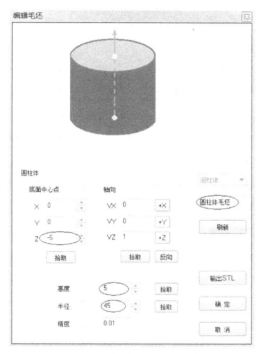

图 5-6　"创建毛坯"对话框

图 5-7　创建圆柱毛坯

CAXA 制造工程师 2020 为客户提供了多种毛坯定义的方法：立方体、圆柱体、拉伸体、圆柱环和三角片等。客户可根据不同的造型选择与其匹配的毛坯。

 操作技巧：

底面中心坐标设为（0,0,-5），保证工件坐标系在零件上表面中点，便于对刀操作。

2. 在工程设计环境中打开"制造"功能区面板，单击"二轴加工"面板上的"平面区域粗加工"按钮，弹出"平面区域粗加工"对话框，设置加工参数如下："走刀方式"选择"环切加工"，"轮廓补偿"选择"ON"，"岛屿补偿"选择"TO"，设置"顶层高度"为"0"，"底层高度"为"-5"，"每层下降高度"为"2"，"行距"为"3"，如图 5-8 所示。

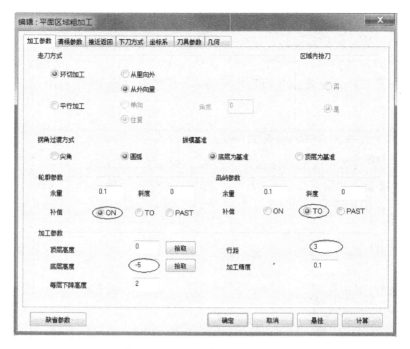

图5-8　平面区域粗加工参数设置

3．设置"下刀方式"为"螺旋"切入方式下刀，如图5-9所示。

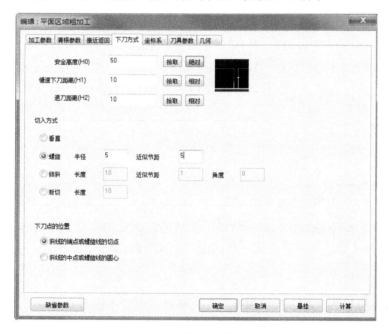

图5-9　下刀方式设置

4．刀具选择 $\phi 6$ 的立铣刀，如图 5-10 所示。在"速度参数"选项卡中将"主轴转速"设为"2000"，"铣削速度"设为"800"。

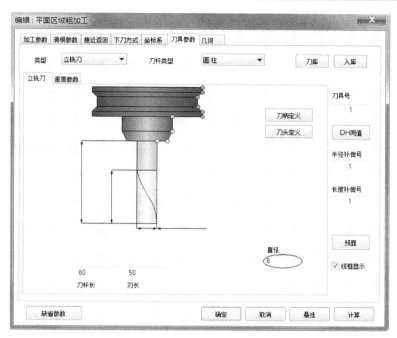

图 5-10　刀具参数设置

5．在"几何"选项卡中，单击"轮廓曲线"，拾取 $\phi45$ 的圆，单击"岛屿曲线"，拾取零件外轮廓曲线，如图 5-11 所示。

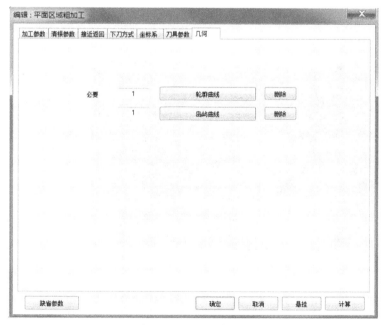

图 5-11　几何参数设置

 操作技巧：

这里提前绘制 $\phi90$ 的圆，作为外轮廓曲线。

6．参数设置完成后，单击"确定"按钮退出"平面区域粗加工"对话框，系统会自动生成平面区域粗加工轨迹，如图 5-12 所示。按 F8 键显示加工轨迹轴测，如图 5-13 所示。

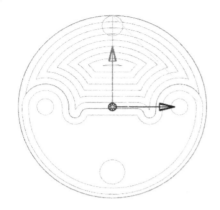 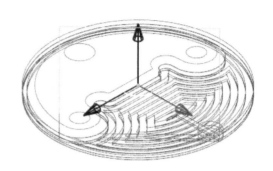

图 5-12　平面区域粗加工轨迹　　　　　图 5-13　平面区域加工轨迹轴测图

7．在"制造"功能区，单击"仿真"加工面板上的"实体仿真"按钮🔵，在弹出的窗口中，单击"拾取"按钮 拾取 ，拾取平面区域粗加工轨迹，单击"仿真"按钮 仿真 ，进入仿真窗口，单击"运行"按钮 ▶ ，开始轨迹仿真加工，结果如图 5-14 所示。

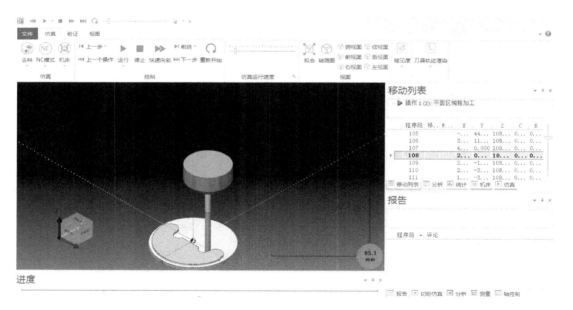

图 5-14　平面区域加工轨迹实体仿真

8．在"制造"功能区，单击"后置处理"面板上的"后置处理"按钮 G，弹出"后置处理"对话框，如图 5-15 所示。选择控制系统文件 Fanuc，单击"拾取"按钮 拾取 ，拾取平面区域粗加工轨迹，选择"铣加工中心-3X"机床配置文件，单击"后置"按钮退出"后置处理"对话框，生成薄片零件轮廓外区域铣削粗加工程序，如图 5-16 所示。

图 5-15　后置处理

图 5-16　薄片零件轮廓外区域铣削粗加工程序

5.1.3　薄片零件外轮廓铣削精加工

1. 在工程设计环境中打开"制造"功能区面板，单击"二轴加工"面板上的"平面轮廓精加工"按钮～，弹出"平面轮廓精加工"对话框，设置加工参数如下："偏移方向"选择"左偏"，"偏移类型"选择"TO"，设置"顶层高度"为"0"，"底层高度"为"-5"，"每层下降高度"设为"1"，"加工余量"设为"0.1"，如图 5-17 所示。

5.1.3　薄片零件外轮廓铣削精加工

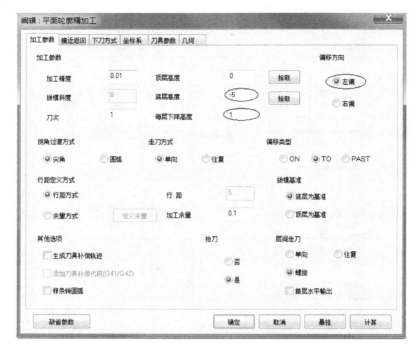

图 5-17　平面轮廓精加工参数设置

　　2．在"几何"选项卡中，单击"轮廓曲线"，拾取零件外轮廓曲线，拾取进刀点和退刀点 A，如图 5-18 所示。

图 5-18　平面轮廓精加工几何参数设置

3．参数设置完成后，单击"确定"按钮退出"平面轮廓精加工"对话框，系统会自动生成平面轮廓精加工轨迹，如图 5-19 所示。按 F8 键显示加工轨迹轴测，如图 5-20 所示。

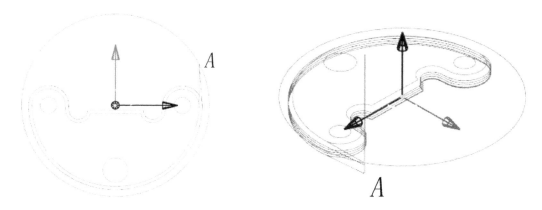

图 5-19 平面轮廓精加工轨迹　　　　　　　　图 5-20 平面轮廓精加工轨迹轴测显示

4．在"制造"功能区，单击"后置处理"面板上的"后置处理"按钮 **G**，弹出"后置处理"对话框，如图 5-21 所示。选择控制系统文件 Fanuc，单击"拾取"按钮 拾取 ，拾取平面轮廓精加工轨迹，选择"铣加工中心-3X"机床配置文件，单击"后置"按钮退出"后置处理"对话框，生成薄片零件外轮廓精加工程序，如图 5-22 所示。

图 5-21 后置处理

图 5-22　薄片零件外轮廓铣削精加工程序

实例 5.2　平面凸台零件的三维实体造型设计与铣削加工

完成如图 5-23 所示的凸台零件三维实体造型及加工程序编制。零件材料为 45 钢，毛坯为 100mm×100mm×20mm 板料。毛坯的上下表面及侧面已满足加工要求。

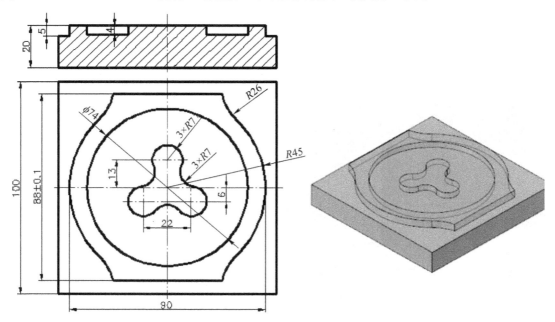

图 5-23　凸台零件尺寸图

此零件主要是二维平面区域，也可以只绘制二维平面模型来完成加工，在这里利用实体造型方法，创建三维实体模型，利用"平面区域粗加工"和"平面轮廓精加工"功能进行加工，这样造型加工直观高效。

5.2.1　零件 CAD 造型设计

1．在设计环境中打开"草图"功能面板，单击"草图"按钮 ![二维草图] 下方的小箭头，出现基准面选择选项。单击选择"在 X-Y 基准面"图标 ![在X-Y基准面]，在 X-Y 基准面内新建草图，进入草图绘图环境。

2．在"绘制"功能面板中，选择"中心矩形"图标 □ 中心矩形 ，单击捕捉坐标中心，移动光标出现矩形框，然后单击右键弹出"编辑"长方形对话框，如图 5-24 所示，输入长度"100"，宽度"100"，单击"确定"按钮即可完成矩形绘制。

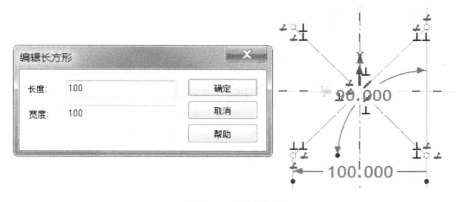

图 5-24　绘制矩形

3．单击草图标旁的下拉按钮，从中选择"完成" ![完成]，生成一个二维矩形草图，如图 5-25 所示。

4．在左边的设计环境树中，右击"2D 草图"，在弹出的菜单中选择"生成—创建拉伸特征"，弹出如图 5-26 所示的"创建拉伸特征"对话框，输入距离"15"，单击"确定"按钮即可完成长方体拉伸特征造型，如图 5-27 所示。

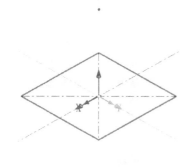

图 5-25　绘制矩形草图

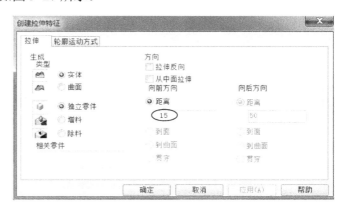

图 5-26　拉伸特征参数设置

5．单击"草图"按钮 ，进入"二维草图定位类型"对话框。按照命令管理栏中的提示，选择"点"方式定位草图平面，单击长方体上表面中点。单击"确定"按钮，完成基准平面创建，如图 5-28 所示，即可进入草图，开始二维草图的绘制。

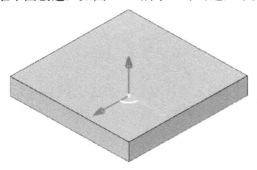

图 5-27　长方体特征造型

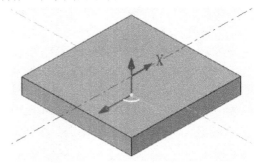

图 5-28　在长方体上表面建立基准平面

6．在"草图"功能区，单击"绘图"面板上的"中心矩形"按钮 中心矩形，捕捉坐标中心点，然后在拉动鼠标的同时单击鼠标右键，在弹出的编辑框中输入长度"90"，宽度"88"，如图 5-29 所示，单击"确定"按钮完成正方形的绘制；单击"绘图"面板上的"圆：圆心-半径"按钮 圆:圆心_半径，捕捉坐标中心点，单击鼠标右键，在弹出的编辑框中输入半径"45"，单击"确定"按钮完成 R45 圆的绘制，如图 5-30 所示。

图 5-29　长方形编辑框

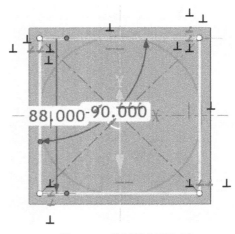

图 5-30　绘制长方形和圆

7．单击"绘图"面板上的"圆：圆心-半径"按钮 圆:圆心_半径，捕捉 A 点，单击鼠标右键，在弹出的编辑框中输入半径"25.718"，单击"确定"按钮完成 R25.718 圆的绘制，同理完成其他三个圆的绘制。在"修改"功能面板上，单击"裁剪"图标 裁剪，单击裁剪不需要的线，如图 5-31 所示。单击 图标的下拉按钮，单击"完成"按钮 ，完成草图曲线的绘制。

8．在左边的设计环境树中，右击"2D 草图"，在弹出的菜单中选择"生成—创建拉伸特征"，弹出如图 5-32 所示的"拉伸特征"对话框，输入距离"5"，单击"确定"按钮即可完成拉伸特征造型，如图 5-33 所示。

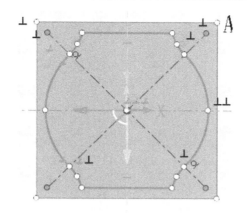

图 5-31　绘制 $R25.718$ 的圆

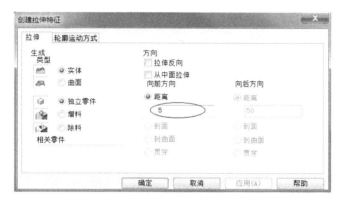

图 5-32　拉伸特征参数设置

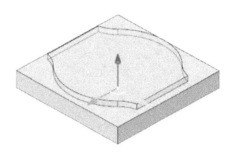

图 5-33　拉伸增料特征造型

9．单击"草图"按钮 ，进入"二维草图定位类型"对话框。按照命令管理栏中的提示，选择"点"方式定位草图平面，单击长方体上表面中点。单击"确定"按钮，完成基准平面创建，如图 5-34 所示，即可进入草图，开始二维草图的绘制。

10．在"草图"功能区，单击"绘图"面板上的"2 点线"按钮 2点线，沿中心线绘制辅助线，单击"修改"面板上的"等距"按钮 等距，将水平线向上等距"13"，向下等距"6"，将竖直中心线向左、右各等距"11"。然后单击"绘图"面板上的"圆：圆心-半径"按钮 圆:圆心_半径，捕捉圆心点，单击鼠标右键，在弹出的编辑框中输入半径"7"，单击"确定"按钮完成 $R7$ 圆的绘制，同理绘制其他两个 $R7$ 圆，如图 5-35 所示。

11．单击"绘图"面板上的"两切点+一点"按钮 两切点+一点，单击捕捉第一条参考线，单击捕捉第二条参考线，单击鼠标右键，在弹出的编辑框中输入半径"7"，单击"确定"按钮完成 $R7$ 圆的绘制，同理绘制其他两个相切的 $R7$ 圆，如图 5-36 所示。

12．在"修改"功能面板上，单击"裁剪"图标 裁剪，单击裁剪不需要的线，如图 5-37 所示。单击 图标的下拉按钮，单击"完成"按钮 ，完成草图曲线的绘制，如图 5-38 所示。

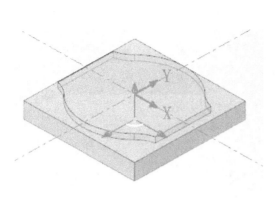

图 5-34 选择基准面

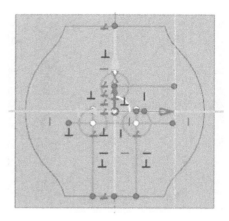

图 5-35 绘制草图圆

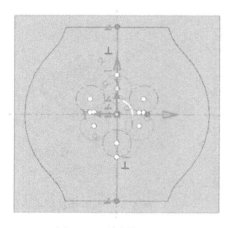

图 5-36 绘制相切圆

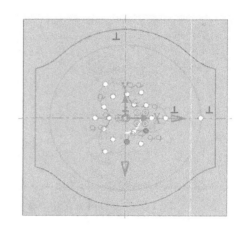

图 5-37 绘制草图

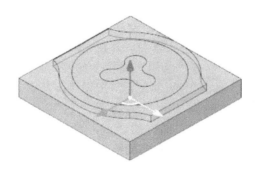

图 5-38 完成草图绘制

13．在左边的设计环境树中，右击"2D 草图 3"，在弹出的菜单中选择"生成—创建拉伸特征"，弹出如图 5-39 所示的"拉伸特征"对话框，"类型"选择"除料"，"方向"选择"拉伸反向"，输入距离"4"，单击拾取相关零件，单击"确定"按钮即可完成拉伸除料特征造型，如图 5-40 所示。

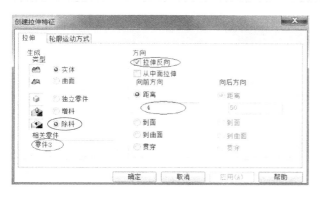

图 5-39　拉伸除料特征参数设置

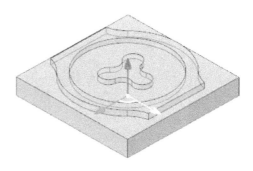

图 5-40　拉伸除料特征造型

5.2.2　凸台零件轮廓外区域铣削粗加工

1. 右击加工管理树中的毛坯，在弹出的菜单中选择"编辑毛坯"，打开"编辑毛坯"对话框，如图 5-41 所示。选择"立方体毛坯"，单击"拾取参考模型"按钮，然后单击拾取模型，最后单击"确定"按钮退出对话框，创建了一个立方体毛坯，如图 5-42 所示。

5.2.2　凸台零件轮廓外区域铣削粗加工

图 5-41　"编辑毛坯"对话框

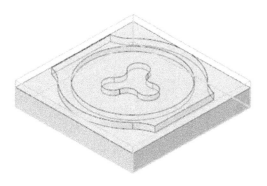

图 5-42　创建毛坯

2．打开"制造"功能区面板，单击"二轴加工"面板上的"平面区域粗加工"按钮
，弹出"平面区域粗加工"对话框，设置加工参数如下："走刀方式"选择"环切加工"、
"从外向里"，"轮廓补偿"选择"ON"，"岛屿补偿"选择"TO"，设置"顶层高度"为
"0"，"底层高度"为"-5"，"每层下降高度"为"2"，"行距"设为"3"，如图 5-43 所示。

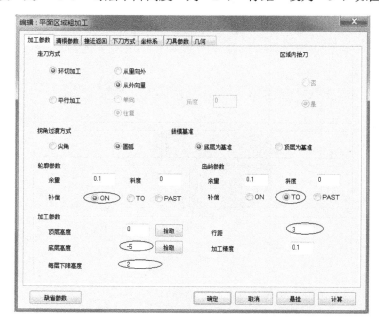

图 5-43　平面区域粗加工参数设置

🦎 操作技巧：

在"平面区域粗加工"对话框中，"轮廓补偿"选择"ON"是不补偿，让刀具中心线
与轮廓线重合。如果选择"TO"，则是让刀具中心线不到轮廓线，相差一个刀具半径。

3．设置"下刀方式"为"螺旋下刀"，刀具选择直径为 6 的立铣刀，"主轴转速"设为
"1200"，"切削速度"设为"1000"。

在"坐标系"选项卡中，单击"点"按钮，拾取零件上表面中心点，建立工件坐标系，
如图 5-44 所示。

操作技巧：

这里坐标原点设置为（0,0,20）是相对于世界坐标系而言的，因为是在零件上表面中心点建立工件坐标系，所以在"平面区域粗加工"对话框中设置"顶层高度"为"0"，"底层高度"为"-5"，但是在输出程序时仍然以世界坐标系输出程序，机床加工对刀时要注意。

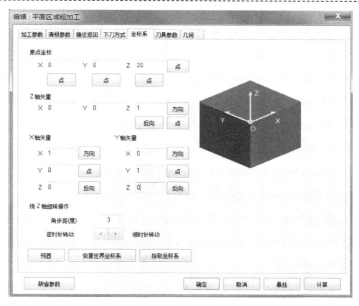

图 5-44　设置工件坐标系

4．在"几何"选项卡中，单击"轮廓曲线"，在弹出的"轮廓拾取工具"对话框中，选择"元素类型"为"零件上的边"，拾取正方形的上面轮廓线，如图 5-45 所示，单击按钮 ✓ 退出"轮廓拾取工具"对话框。返回到"几何"选项卡，同理单击"岛屿曲线"，拾取零件内轮廓曲线。

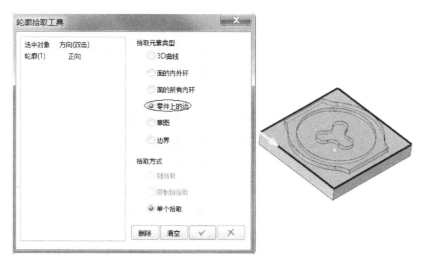

图 5-45　"轮廓拾取工具"对话框

5．参数设置完成后，单击"确定"按钮退出"平面区域粗加工"对话框，系统会自动生成平面区域粗加工轨迹，加工轨迹轴测显示如图 5-46 所示。

6．在"制造"功能区，单击"仿真"加工面板上的"实体仿真"按钮🔵，在弹出的窗口中，单击"拾取"按钮 拾取 ，拾取平面区域粗加工轨迹，单击"仿真"按钮 仿真 ，进入"仿真"窗口中，单击"运行"按钮 ▶ ，开始轨迹仿真加工，结果如图 5-47 所示。

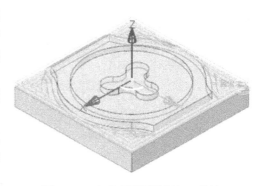

图 5-46　生成平面区域粗加工轨迹

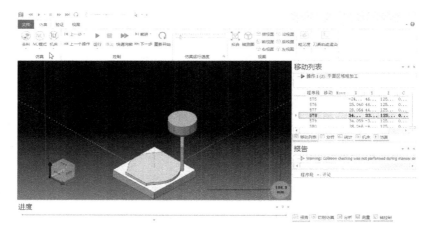

图 5-47　平面区域加工轨迹实体仿真

7．在"制造"功能区，单击"后置处理"面板上的"后置处理"按钮 **G**，弹出"后置处理"对话框，如图 5-48 所示。选择控制系统文件 Fanuc，单击"拾取"按钮 拾取 ，拾取平面区域粗加工轨迹，选择"铣加工中心-3X"机床配置文件，单击"后置"按钮退出"后置处理"对话框，生成凸台零件轮廓外区域铣削粗加工程序 G 代码，如图 5-49 所示。

图 5-48　后置处理

图 5-49　生成轮廓外区域粗加工程序

5.2.3　凸台零件内轮廓区域铣削粗加工

1. 打开"制造"功能区面板，单击"二轴加工"面板上的 "平面区域粗加工"按钮圖，弹出"平面区域粗加工"对话 框，设置加工参数如下："走刀方式"选择"环切加工"、"从 里向外"，"轮廓补偿"选择"TO"，"岛屿补偿"选择"TO"，

5.2.3　凸台零 件内轮廓区域 铣削粗加工

设置"顶层高度"为"0"，"底层高度"为"-4"，"每层下降高度"为"2"，"行距"为 "3"，如图 5-50 所示。

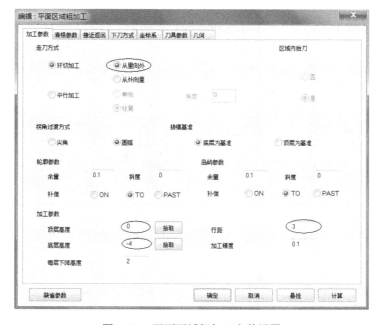

图 5-50　平面区域粗加工参数设置

2．在"坐标系"选项卡中，单击"点"按钮，拾取零件上表面中心点，建立工件坐标系，如图5-51所示。

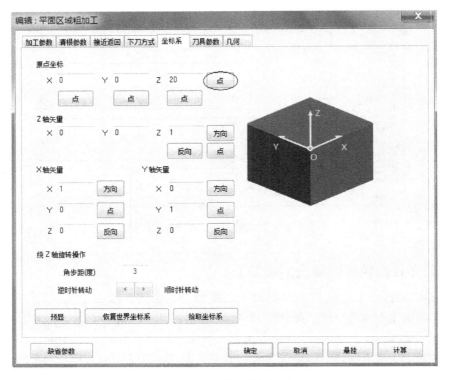

图5-51　设置工件坐标系

3．在"几何"选项卡中，单击"轮廓曲线"，在弹出的"轮廓拾取工具"对话框中，选择"元素类型"为"零件上的边"，拾取φ74圆的轮廓线，如图5-52a所示，单击按钮 ✓ 退出"轮廓拾取工具"对话框。返回到"几何"选项卡，同理单击"岛屿曲线"，拾取零件内轮廓曲线，如图5-52b所示。

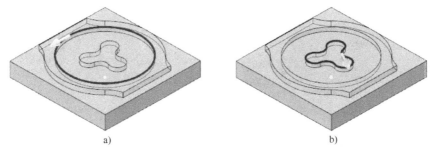

a)　　　　　　　　　　　　　　　　　　　　　b)

图5-52　拾取轮廓曲线和岛屿曲线

a) 拾取φ74圆的轮廓线　b) 拾取零件内轮廓岛屿曲线

4．参数设置完成后，单击"确定"按钮退出"平面区域粗加工"对话框，系统会自动生成平面区域粗加工轨迹，如图5-53所示。按F8键，加工轨迹轴测显示如图5-54所示。

图 5-53　平面区域粗加工轨迹

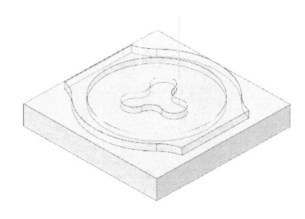

图 5-54　平面区域粗加工轨迹轴测图

5．在"制造"功能区，单击"仿真"加工面板上的"实体仿真"按钮🔵，在弹出的窗口中，单击"拾取"按钮 拾取 ，拾取平面区域粗加工轨迹，单击"仿真"按钮 仿真 ，进入"仿真"窗口中，单击"运行"按钮 ▶ ，开始轨迹仿真加工，结果如图 5-55 所示。

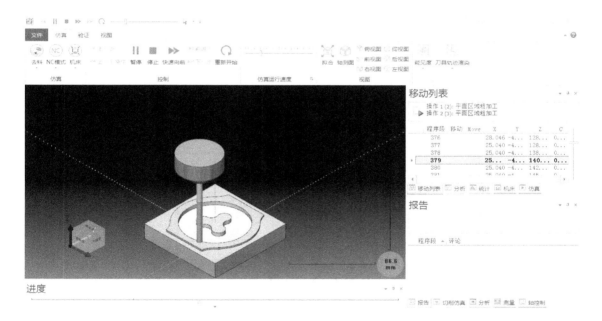

图 5-55　平面区域粗加工轨迹仿真

6．在"制造"功能区，单击"后置处理"面板上的"后置处理"按钮 G，弹出"后置处理"对话框，选择控制系统文件 Fanuc，单击"拾取"按钮 拾取 ，拾取平面区域粗加工轨迹，选择"铣加工中心-3X"机床配置文件，单击"后置"按钮退出"后置处理"对话框，生成凸台零件内轮廓区域铣削粗加工程序，如图 5-56 所示。

图 5-56　内轮廓区域粗加工程序

实例 5.3　圆弧槽零件的实体造型设计与铣削加工

完成如图 5-57 所示的圆弧槽零件的二维 CAD 造型设计、圆弧槽铣削加工、倒斜角铣削加工及平面光铣加工程序编制。零件材料为 45 钢，零件厚度为 20mm，毛坯为 150mm×150mm×20mm 的长方体料。毛坯的轮廓外区域已满足加工要求。

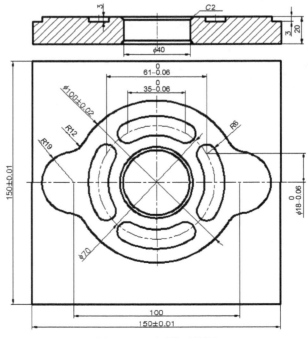

图 5-57　圆弧槽零件图

此零件主要是练习加工圆弧槽部分。可以利用实体造型方法，创建三维实体模型，利用"平面摆线槽加工"和"倒斜角加工"及"平面光铣加工"功能进行加工，这样造型加工直观高效。

5.3.1　零件 CAD 造型设计

1．在设计环境中打开"草图"功能区面板，单击"草图"按钮 ![二维草图] 下方的小箭头，出现基准面选择选项。单击选择"在 X-Y 基准面"图标 ![在X-Y基准面]，在 X-Y 基准面内新建草图，进入草图绘图环境。

2．在"绘图"功能面板中，选择"中心矩形"图标 ![中心矩形]，单击捕捉坐标中心，移动光标出现矩形框，然后单击右键弹出编辑对话框，输入长度"150"，宽度"150"，选择单击"确定"按钮即可完成矩形绘制，如图 5-58 所示。

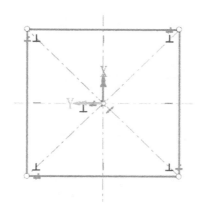

图 5-58　绘制的正方形草图

3．单击草图图标旁的下拉按钮，从中选择"完成" ![完成]，生成一个二维矩形草图。在左边的设计环境树中，右击"2D 草图"，在弹出的菜单中选择"生成—创建拉伸特征"，弹出如图 5-59 所示的"拉伸特征"对话框，输入距离"17"，单击"确定"按钮即可完成矩形拉伸特征造型，如图 5-60 所示。

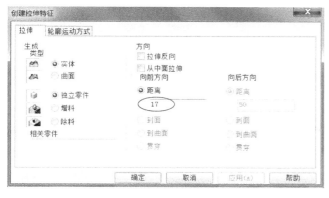

图 5-59　拉伸特征参数设置

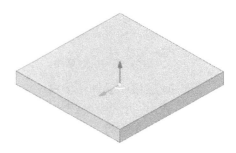

图 5-60　拉伸增料实体特征

4．单击"草图"按钮 ，可以进入"二维草图定位类型"的对话框。按照命令管理栏中的提示，选择"点"方式定位草图平面，单击长方体上表面中点。单击"确定"按钮 ✓，完成基准平面创建，如图 5-61 所示，即可进入草图，开始二维草图的绘制。

5．单击"绘图"面板上的"圆：圆心-半径"按钮⊙圆:圆心_半径，捕捉坐标中心点，单击鼠标右键，在弹出的编辑框中输入半径"50"，单击"确定"按钮完成 *R*50 圆的绘制。

单击"绘图"面板上的"圆：两切点+一点"按钮⊙两切点+一点，捕捉两切点，单击鼠标右键，在弹出的编辑框中输入半径"12"，单击"确定"按钮完成 *R*12 圆的绘制，同理完成其他圆的绘制，如图 5-62 所示。

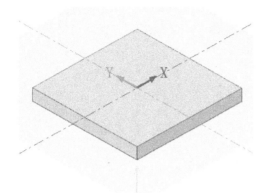

图 5-61　创建基准平面

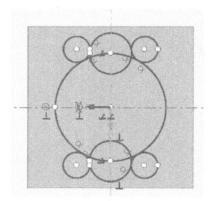

图 5-62　绘制圆草图辅助线

6．在"修改"功能面板上，单击"裁剪"图标✕ 裁剪，单击裁剪不需要的线，如图 5-63 所示。单击 ✓ 完成 图标的下拉按钮，单击"完成"按钮✓ 完成，完成草图曲线的绘制。按 F8 键，草图轴测显示如图 5-64 所示。

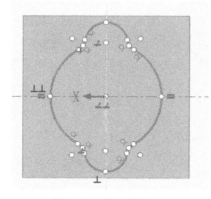

图 5-63　绘制草图

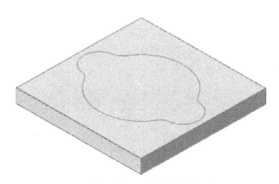

图 5-64　草图轴测显示

7．在左边的设计环境树中，右击"2D 草图"，在弹出的菜单中选择"生成—创建拉伸特征"，弹出"拉伸特征"对话框，输入距离"3"，单击"确定"按钮即可完成拉伸特征造型，如图 5-65 所示。

8．同理，根据上述方法单击"草图"按钮 ，在上表面中点完成基准平面创建，进入"草图"，利用"圆"、"等距"和"圆形阵列"等功能绘制如图 5-66 所示二维草图。

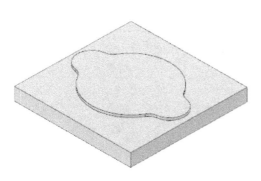

图 5-65　拉伸增料实体特征

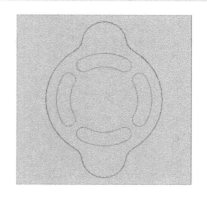

图 5-66　绘制草图

9．在左边的设计环境树中，右击"2D 草图"，在弹出的菜单中选择"生成—创建拉伸特征"，弹出如图 5-67 所示的"拉伸特征"对话框，拉伸方向反向，拾取相关零件，"生成类型"选择"除料"，输入距离"3"，单击"确定"按钮即可完成拉伸除料特征造型，如图 5-68 所示。

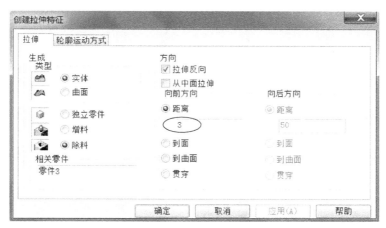

图 5-67　拉伸除料实体特征参数设置

10．根据上述方法，完成中间圆的二维草图绘制，如图 5-69 所示。通过拉伸除料特征操作完成圆孔的除料特征创建，如图 5-70 所示。

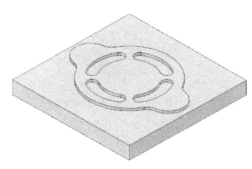

图 5-68　拉伸除料实体特征 1

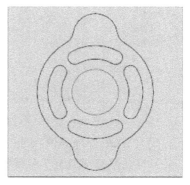

图 5-69　绘制草图圆

11．在"特征"功能区，单击"修改"面板上的"边倒角"按钮📐，输入倒角距离"2"，单击拾取要倒斜角的圆边，单击"确定"按钮✓，完成圆边倒斜角操作，如图5-71所示。

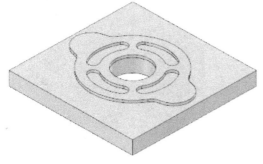

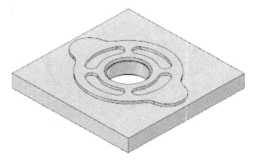

图5-70　拉伸除料实体特征2　　　　　　　　图5-71　创建倒斜角特征

5.3.2　零件圆弧槽铣削加工

1．打开"制造"功能区，单击"创建"面板上的"坐标系"按钮⊥，弹出"编辑坐标系"对话框，如图5-72所示。在Z坐标值中输入"20"，单击"确定"按钮退出，在工件上表面中心创建了新的坐标系，如图5-73所示。

5.3.2　零件圆弧槽铣削加工

2．打开"曲线"功能区，单击"三维曲线"面板上的"三维曲线"按钮，用"基本绘图"面板中的"圆"命令和"修改"面板的"裁剪"命令完成圆弧槽中线的绘制，如图5-73所示。

图5-72　设置工件坐标系

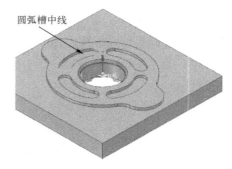

图5-73　绘制圆弧槽中线

3．打开"制造"功能区面板，单击"二轴加工"面板上的"平面摆线槽加工"按钮，弹出"平面摆线槽加工"对话框，设置加工参数如下："加工方向"设为"逆时针"，"宽度"设为"6"，"半径"设为"3"，"总层高"设为"3"，"单层高"设为"1"，如图5-74所示。

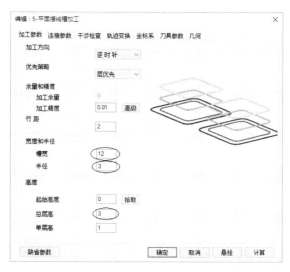

图 5-74　平面摆线槽加工参数设置

> **操作技巧：**
> 摆线宽度必须不小于半径的两倍。

4. 选择直径为 6mm 的立铣刀，在"几何"选项卡中，单击"槽中轴线"。相关参数设置完成后，单击"确定"按钮退出"平面摆线槽加工"对话框，系统会自动生成平面圆弧槽加工轨迹。

5. 打开"曲线"功能区，单击"三维曲线"面板上的"三维曲线"按钮，用"基本绘图"面板中的"直线"命令从坐标中心沿 Z 轴方向绘制一条旋转阵列轴线，如图 5-75 所示。

6. 在"制造"功能区，单击"轨迹变换"面板上的"阵列轨迹"按钮，打开"创建：阵列轨迹"对话框，如图 5-76 所示。设置"阵列类型"为"圆形阵列"，"角间距"设为"90"，"数量"设为"4"，单击拾取阵列轴线，单击拾取圆弧槽加工轨迹。参数设置完成后，单击"确

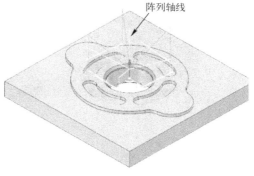

图 5-75　轨迹圆形阵列

定"按钮退出"阵列轨迹"对话框，系统生成阵列轨迹，如图 5-75 所示。加工轨迹线框仿真如图 5-77 所示。

7. 在"制造"功能区，单击"仿真"加工面板上的"实体仿真"按钮，在弹出的窗口中，单击"拾取"按钮，拾取圆弧槽加工轨迹，单击"仿真"按钮，进入"仿真"窗口，单击"运行"按钮，开始轨迹仿真加工，结果如图 5-78 所示。

8. 在"制造"功能区，单击"后置处理"面板上的"后置处理"按钮G，弹出"后置处理"对话框，选择控制系统文件 Fanuc，单击"拾取"按钮，拾取圆弧槽加工轨迹，选择"铣加工中心-3X"机床配置文件，单击"后置"按钮退出"后置处理"对话框，生成圆弧槽加工程序 G 代码，如图 5-79 所示。

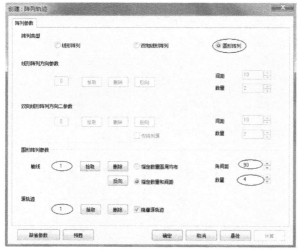

图 5-76　创建阵列轨迹

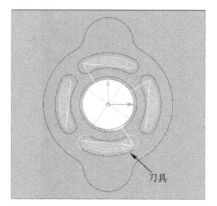

图 5-77　轨迹线框仿真

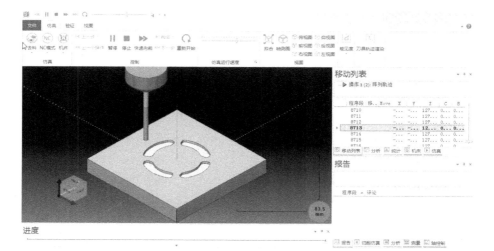

图 5-78　圆弧槽加工轨迹仿真

图 5-79　圆弧槽加工程序

5.3.3　零件倒斜角铣削加工

5.3.3　零件倒斜角铣削加工

1．打开"制造"功能区，单击"创建"面板上的"创建刀具"按钮 🔧，弹出"创建刀具"对话框，如图 5-80 所示。"类型"选择"倒角铣刀"，"刀具外直径"设为"12"，"直径"设为"2"，"刀杆类型"为"圆柱"，"刀具号"设为"12"，单击"入库"按钮，单击"确定"按钮退出，创建了一把倒角铣刀。

2．打开"制造"功能区面板，单击"二轴加工"面板上的"倒斜角加工"按钮 📄，弹出"倒斜角加工"对话框，设置加工参数如下："倒角宽度"设为"2"，"偏移方向"为"右偏"，如图 5-81 所示。

图 5-80　创建倒角铣刀

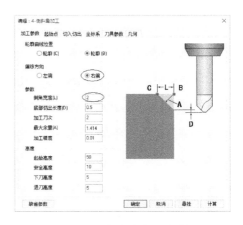

图 5-81　倒斜角加工参数设置

3．在"起始点"选项卡中，单击"拾取"按钮，弹出如图 5-82 所示对话框，单击拾取圆上一点作为倒斜角加工起点，单击"确定"按钮 ✓，完成起始点的拾取。在"几何"选项卡中，单击"拾取轮廓曲线"按钮，拾取圆轮廓曲线。参数设置完成后，单击"确定"按钮退出"倒斜角加工"对话框，系统会自动生成倒斜角加工轨迹，如图 5-83 所示。

图 5-82　拾取加工起点

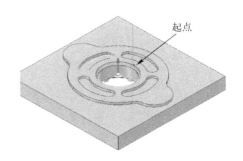

图 5-83　倒斜角加工轨迹

4．在"制造"功能区，单击"后置处理"面板上的"后置处理"按钮**G**，弹出"后置处理"对话框，选择控制系统文件 Fanuc，单击"拾取"按钮 拾取 ，拾取倒斜角加工轨迹，选择"铣加工中心_3X"机床配置文件，单击"后置"按钮退出"后置处理"对话框，生成倒斜角加工程序，如图 5-84 所示。

图 5-84　倒斜角加工程序

5.3.4　零件上平面光铣加工

1．打开"制造"功能区面板，单击"二轴加工"面板上的"平面光铣加工"按钮，弹出"平面光铣加工"对话框，设置相关加工参数，如图 5-85 所示。

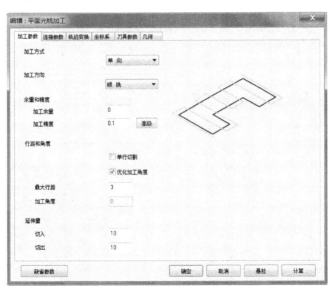

图 5-85　平面光铣加工参数设置

2．在"几何"选项卡中，单击"拾取轮廓曲线"按钮，弹出"轮廓拾取工具"对话框，如图 5-86 所示，选取零件上的边，拾取轮廓边线。参数设置完成后，单击"确定"按钮退出"平面光铣加工"对话框，系统会自动生成平面光铣加工轨迹，如图 5-87 所示。

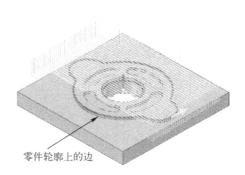

图 5-86　拾取零件上的边　　　　　　　图 5-87　平面光铣加工轨迹

3．在"制造"功能区，单击"后置处理"面板上的"后置处理"按钮 G，弹出"后置处理"对话框，选择控制系统文件 Fanuc，单击"拾取"按钮，拾取平面光铣加工轨迹，选择"铣加工中心_3X"机床配置文件，单击"后置"按钮退出"后置处理"对话框，生成平面光铣加工程序，如图 5-88 所示。

图 5-88　平面光铣加工程序

实例 5.4　双称钩零件的设计与切割加工

绘制双称钩零件图，如图 5-89 所示，该零件是厚度为 2 mm 的薄片，用切割加工方法生成外轮廓切割加工轨迹，并利用 CAXA 制造工程师 2020 的雕刻加工功能在上表面加工五角星图案。

如图 5-89 所示是双称钩零件轮廓图，毛坯可用长方体，由于只加工外轮廓，所以没有必要进行实体造型，只需画出二维平面外轮廓图形，用切割加工方法生成切割加工轨迹。

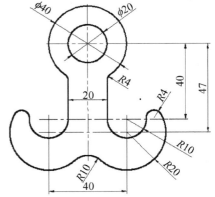

图 5-89　双称钩零件图

5.4.1　零件 CAD 造型设计

1．在工程设计环境中打开"曲线"功能区，单击"三维曲线"按钮，在"基本绘图"面板上，单击

5.4.1　零件 CAD 造型设计

"圆"按钮 圆:圆心_半径，捕捉坐标中心点，输入半径"20"回车，完成 R20 圆的绘制，同理完成 R10 圆的绘制。单击"圆"按钮 圆:圆心_半径，输入圆心坐标（20,-40），输入半径"10"回车，完成 R10 圆的绘制，同理在圆心坐标（20,-47），完成 R20 圆的绘制，如图 5-90 所示。

2．在工程设计环境中打开"曲线"功能区，打开"修改"面板，单击"裁剪"按钮 裁剪，裁剪不需要的线。单击"镜像"按钮 镜像，拾取要镜像的图形，单击右键，拾取轴线，完成左边图的绘制，如图 5-91 所示。

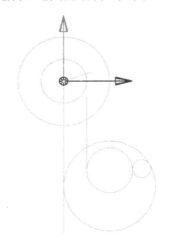

图 5-90　绘制圆轮廓

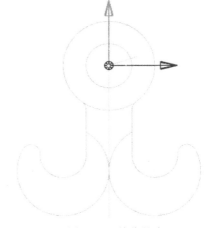

图 5-91　镜像轮廓

3．打开"修改"面板，单击"裁剪"按钮 裁剪，裁剪不需要的线，如图 5-92 所示。

4．在工程设计环境中打开"曲线"功能区，打开"高级绘图"面板，单击"正多边形"按钮 正多边形，绘制正五边形，输入中心坐标（0,-50,0），外接圆半径为 5mm，再用直线功能连接正五边形对角点，单击"裁剪"按钮 裁剪，裁剪不需要的线，完成五角星轮廓的绘制，如图 5-93 所示。

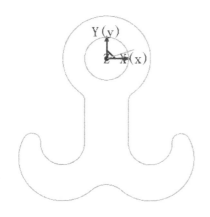

图 5-92　绘制双称钩零件轮廓图

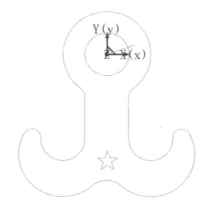

图 5-93　绘制五角星轮廓图

5.4.2　双称钩零件外轮廓切割加工

5.4.2　双称钩
零件外轮廓切
割加工

1. 在工程设计环境中打开"制造"功能区面板，单击"二轴加工"面板上的"切割加工"按钮◇，弹出"切割加工"对话框，设置加工参数如下："切割方式"设为"切割外轮廓"；"高度"设置"顶层高度"为"0"，"底层高度"为"–2"，"层间高度"为"0.5"，如图 5-94 所示。

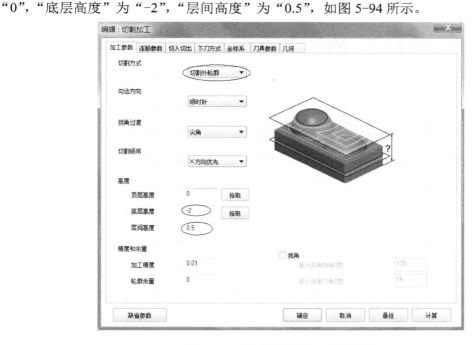

图 5-94　零件轮廓切割加工参数设置

2. "刀具"选择"锥形铣刀"，在"几何参数"选项卡中，单击"轮廓曲线"，拾取零件外轮廓曲线。

3. 参数设置完成后，单击"确定"按钮退出轮廓"切割加工"对话框，系统会自动生成轮廓切割加工轨迹，如图 5-95 所示。按 F8 键，加工轨迹轴测显示如图 5-96 所示。

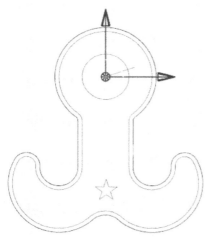

图 5-95　零件轮廓切割加工轨迹

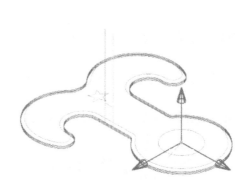

图 5-96　零件轮廓切割加工轨迹轴测显示

4. 在"制造"功能区，单击"后置处理"面板上的"后置处理"按钮**G**，弹出"后置处理"对话框，选择控制系统文件 Fanuc，单击"拾取"按钮 拾取 ，拾取轮廓切割加工轨迹，选择"铣加工中心-3X"机床配置文件，单击"后置"按钮退出"后置处理"对话框，生成双称钩零件外轮廓切割加工程序，如图 5-97 所示。

图 5-97　零件轮廓切割加工程序

┌─────────────────────┐
│　5.4.3　双称钩　　　　│
│　零件五角星　　　　　│
│　雕刻加工　　　　　　│
└─────────────────────┘

5.4.3　双称钩零件五角星雕刻加工

1. 在工程设计环境中打开"制造"功能区面板，单击"二轴加工"面板上的"雕刻加工"按钮**C**，弹出"雕刻加工"对话框，设置加工参数如下：

"顶层高度"设为"0","底层高度"设为"-0.6","层间高度"设为"0.6",如图 5-98 所示。

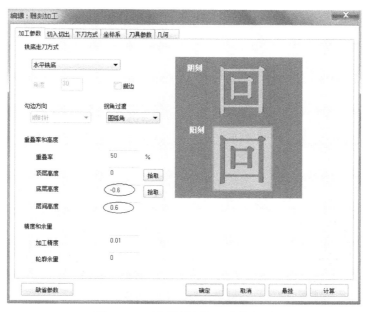

图 5-98　五角星雕刻加工参数设置

2."刀具"选择"雕刻刀",在"几何"选项卡中,单击"图案轮廓",如图 5-99 所示,拾取五角星外轮廓曲线。

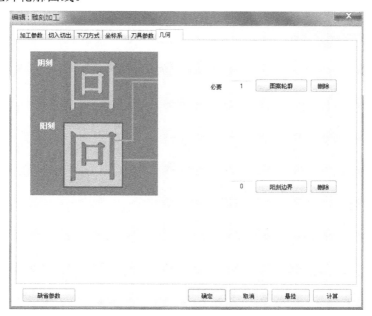

图 5-99　五角星雕刻加工几何参数设置

3. 参数设置完成后,单击"确定"按钮退出"雕刻加工"对话框,系统会自动生成五角星雕刻加工轨迹,如图 5-100 所示。按 F8 键,加工轨迹轴测显示,如图 5-101 所示。

图 5-100　五角星雕刻加工轨迹

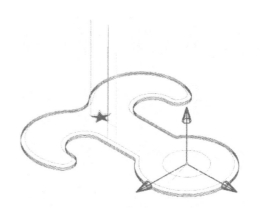

图 5-101　五角星雕刻加工轨迹轴测显示

4．右击加工管理树中的毛坯，在弹出的菜单中选择"创建毛坯"，打开"创建毛坯"对话框，如图 5-102 所示。选择"立方体"毛坯，拾取参考曲线，Z 坐标设置为"-2"，单击"确定"按钮退出后，创建了一个毛坯，如图 5-103 所示。

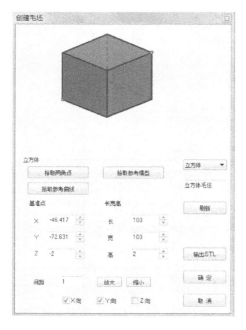

图 5-102　"创建毛坯"对话框

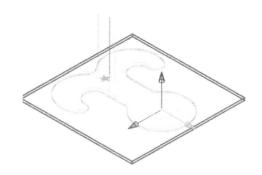

图 5-103　创建毛坯

5．在"制造"功能区，单击"仿真"加工面板上的"实体仿真"按钮 ⚫，在弹出的窗口中，单击"拾取"按钮 拾取 ，拾取零件加工轨迹，单击"仿真"按钮 仿真 ，进入"仿真"窗口，单击"运行"按钮 ▶ ，开始零件加工轨迹仿真加工，结果如图 5-104 所示。

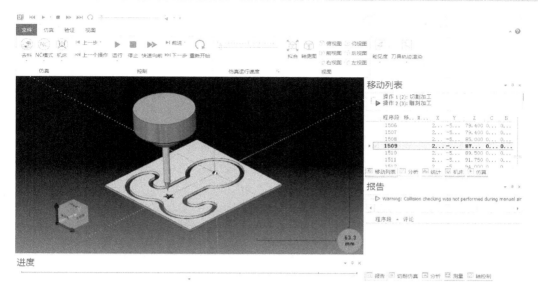

图 5-104　双称钩零件加工仿真

6. 在"制造"功能区，单击"后置处理"面板上的"后置处理"按钮 **G**，弹出"后置处理"对话框，选择控制系统文件 Fanuc，单击"拾取"按钮 拾取 ，拾取五角星雕刻加工轨迹，选择"铣加工中心-3X"机床配置文件，单击"后置"按钮退出"后置处理"对话框，生成五角星雕刻加工程序，如图 5-105 所示。

图 5-105　五角星雕刻加工程序

课后练习

1. 分析凸台零件图，确定凸台加工路线，确定刀具路线，将凸台加工出来，并进行实体仿真，凸台零件图如图 5-106 所示。

2. 绘制外接圆ϕ52.6 的五角星平面图形，如图 5-107 所示，用切割加工方法生成切割加工轨迹。

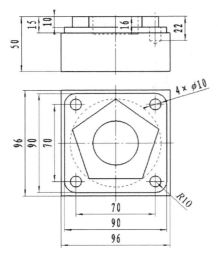

图 5-106　凸台零件尺寸图

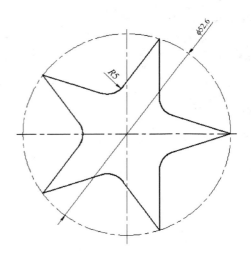

图 5-107　五角星零件轮廓图

3. 在 100mm×50mm×30mm 的长方体内形腔上表面雕刻加工"精益求精"四个字，字高 2mm。

4. 按如图 5-108 所示给定的尺寸，用实体造型方法生成三维图，如图 5-109 所示，并采用适当的方法生成内形腔加工轨迹。

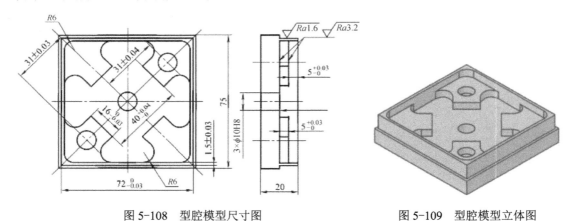

图 5-108　型腔模型尺寸图

图 5-109　型腔模型立体图

第6章　曲面类典型零件的设计与铣削加工

制造工程师 2020 采用全新 3D 平台，重构 CAM 内核、3D 线架内核等，实现了与 3D 平台集成。在保留制造工程师 2016 建模功能的基础上，拥有丰富的实体设计元素，可直接拖动、快速进行尺寸编辑，同时结合 3D 实体设计特有的三维球工具进行位置编辑。三维球是一个非常优秀和直观的三维图像操作工具，它可以通过平移、旋转和其他复杂的三维空间变换精确定位任何一个三维物体。

本章以五角星曲面零件、果盘零件、梅花印零件的造型设计与铣削加工为例，介绍了 CAXA 制造工程师 2020 的二维造型、实体造型、三维球工具的使用、建立毛坯及加工坐标系建立的方法，重点学习等平面区域粗加工、等高线粗加工、等高线精加工、导动线精加工、参数线精加工和平面轮廓精加工等功能。

◎技能目标
- 掌握 CAXA 制造工程师 2020 的 3D 实体设计造型方法。
- 掌握 CAXA 制造工程师 2020 的基本绘图和草图设计造型功能。
- 掌握平面区域粗加工和平面轮廓精加工功能。
- 掌握等高线粗加工和等高线精加工功能。
- 掌握导动线精加工和参数线精加工功能。

实例 6.1　五角星曲面零件的设计与铣削加工

完成如图 6-1 所示的五角星凸台零件的三维 CAD 造型设计、五角星轮廓外区域粗加工及五角星曲面等高线粗加工、等高线精加工程序编制。零件材料为 45 钢，零件厚度为 25mm，毛坯为直径 120mm 的棒料。

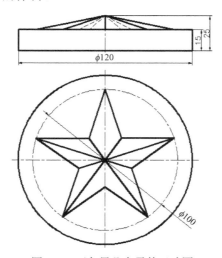

图 6-1　五角星凸台零件尺寸图

此五角星凸台零件是经典的三维曲面模型，可以用曲面造型方法，如直纹面、填充面等方法完成特征造型设计。五角星的整体形状较为平坦，因此整体加工时应该选择等高线粗加工，精加工时应采用等高线精加工，或者用曲面区域加工。CAXA 制造工程师 2020 的加工选择方式更加灵活便捷，从而提高了加工效率。

6.1.1　零件 CAD 造型设计

本案例利用 CAXA 制造工程师 2020 中的实体设计造型方法来完成 3D 实体造型，主要应用"草图绘制"、"三维曲线"、"填充面"、"实体化"等命令。

1．在创新模式环境下打开"曲线"功能区，单击"三维曲线"按钮，在"高级绘图"面板上，单击"正多边形"按钮，在下面的立即菜单中选择"内接于圆"，边数为"5"，捕捉坐标中心点，输入圆半径"50"，回车确定退出，完成正五边形的绘制，如图 6-2 所示。

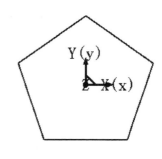

图 6-2　绘制正五边形

2．单击"三维曲线"按钮，在"基本绘图"面板上，单击"直线"按钮两点线，单击右下角的"正交"按钮正交，在非正交状态下，用连续线依次连接五边形各个顶点，如图 6-3 所示。

3．在"修改"面板上，单击"修改"按钮，选择"裁剪"裁剪功能，单击裁剪不需要的线，如图 6-4 所示。

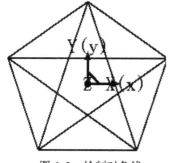
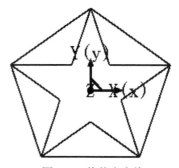

图 6-3　绘制对角线　　　　　　　　　图 6-4　裁剪多余线

4．在"修改"面板上，单击"修改"按钮 ✎，选择"删除" ✎ 功能，选择正五边形，单击右键完成正五边形的删除操作，如图 6-5 所示。

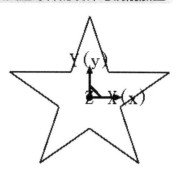

5．按 F8 键，在轴测状态下，单击"直线"按钮 ╱ 两点线，单击右下角的"正交"按钮 正交，在正交状态下，按 F9 键将作图平面切换到 XOZ，捕捉坐标中心点，输入长度"10"，向上绘制 10mm 直线。单击右下角的"正交"按钮 正交，在非正交状态下，用连续线依次连接直线顶点到五角星交点，如图 6-6 所示。

图 6-5　删除正五边形

6．退出三维曲线绘制状态后，右键单击加工管理树中的世界坐标，在弹出的立即菜单中选择"隐藏"，完成世界坐标系的隐藏，如图 6-7 所示。

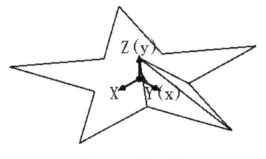

图 6-6　绘制空间线

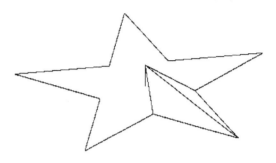

图 6-7　隐藏世界坐标系

7．在创新设计模式环境下打开"曲面"功能区，在"曲面编辑"面板上，单击"填充面"按钮 ✎ 填充面，依次拾取五角星各边线，单击"确定"按钮 ✓ 退出，完成五角星平面建模，如图 6-8 所示。

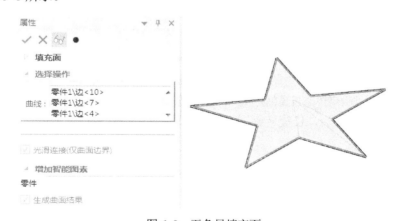

图 6-8　五角星填充面

8．在"曲面"面板上，单击"直纹面"按钮 ▲ 直纹面，采用"曲线+曲线"方式，依次拾取五角星相邻两边线，单击"确定"按钮 ✓ 退出，完成五角星直纹面建模，如图 6-9 所示。

9．在左边的设计管理树中，按住〈Shift 键〉，选择零件 5 和零件 6 两个曲面，单击上面标题栏中的"三维球"按钮 ⊙，打开三维球，或者按 F10 键打开三维球，如图 6-10 所示。

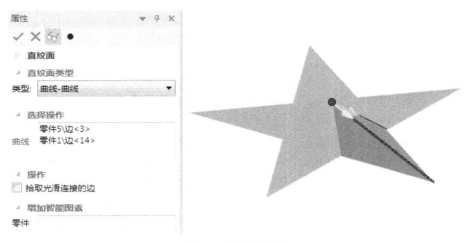

图 6-9　直纹面建模

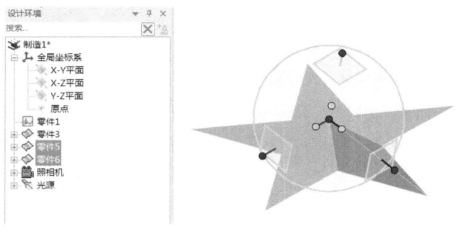

图 6-10　打开三维球

10. 按下空格键使三维球与图素分离，移动鼠标到三维球方向控制手柄上，单击，颜色变成黄色，当出现手形时单击鼠标右键，如图 6-11 所示，出现立即菜单，选择"与面垂直"，单击拾取五角星底面，使旋转轴与五角星底面垂直，如图 6-12 所示。

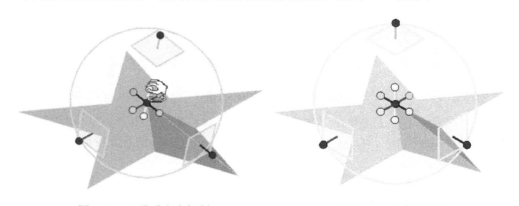

图 6-11　三维球方向控制　　　　　　　　图 6-12　分离三维球

11．再按下空格键使三维球重新附着对象，移动鼠标到三维球内侧，当出现手形时，如图 6-13 所示，按住鼠标右键，用右键拖动旋转，松开右键弹出快捷菜单，选择"生成圆形阵列"，出现"阵列"对话框，如图 6-14 所示，在对话框的文本框中输入数量"5"和角度"72"，单击"确定"按钮即可完成两曲面的阵列。

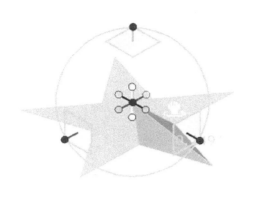

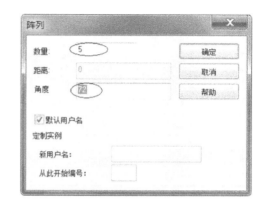

图 6-13　旋转直纹面　　　　　　　　　　　　　图 6-14　阵列设置

12．在创新设计模式环境下打开"曲面"功能区，在"曲面编辑"面板上，单击"实体化"按钮 实体化(S)，依次拾取五角星底面和 10 个侧面，单击"确定"按钮 退出，完成五角星实体建模，如图 6-15 所示。

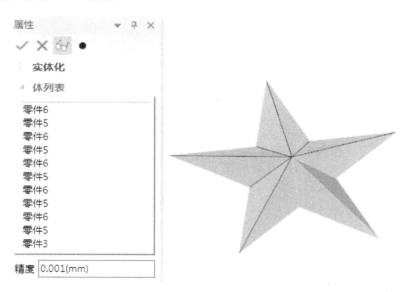

图 6-15　五角星实体化

13．用鼠标左键按住拾取"圆柱"按钮，从右边的实体设计图素库中拖一个圆柱体到设计环境当中，然后松开鼠标左键。双击该圆柱体，进入智能图素编辑状态。在这一状态下系统显示一个黄色的包围盒和 6 个方向的操作手柄。当出现手形和双箭头时右击鼠标，从弹出的立即菜单中选择"编辑包围盒"，出现一个输入对话框，其中的数值表示当前包围盒的尺寸，输入长度"120"，宽度"120"，高度"15"，如图 6-16a 所示。单击"确定"按钮完成圆柱体建模，如图 6-16b 所示。

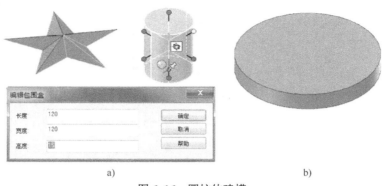

a) b)

图 6-16 圆柱体建模

a) 编辑包围盒 b) 圆柱体建模

14. 选择圆柱体零件，单击上面标题栏中的"三维球"按钮，打开三维球，或者按 F10 键打开三维球。在中心控制手柄上单击鼠标右键，在下面的立即菜单中选择"编辑位置"，出现一个输入对话框，输入长度"0"，宽度"0"，高度"-15"，如图 6-17a 所示。单击"确定"按钮完成圆柱体中心位置移动，结果如图 6-17b 所示。

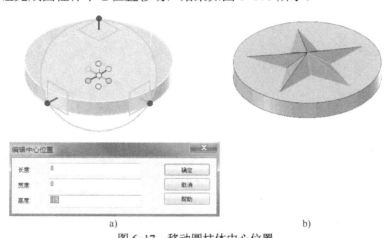

a) b)

图 6-17 移动圆柱体中心位置

a) 编辑中心位置 b) 五角星与圆柱体合并

> **操作技巧：**
>
> 三维球的键盘命令：F10 键打开/关闭三维球；空格键将三维球分离/附着于选定的对象；Ctrl 键在平移/旋转操作中激活增量捕捉。

6.1.2 五角星曲面零件等高线粗加工

1. 在"制造"功能区，单击"创建坐标系"按钮，在"创建坐标系"对话框中，单击"点"按钮，如图 6-18 所示，拾取五

6.1.2 五角星曲面零件等高线粗加工

角星顶点，单击"确定"按钮退出，完成坐标系创建。

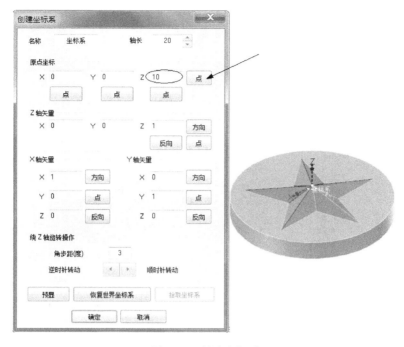

图 6-18　创建坐标系

2. 右击加工管理树中的毛坯，在弹出的菜单中选择"创建毛坯"，打开"创建毛坯"对话框，如图 6-19 所示。选择"圆柱体"毛坯，输入底面中心坐标（0,0,-15），高度"25"，半径"60"，单击"确定"按钮退出对话框，创建了一个圆柱体毛坯。

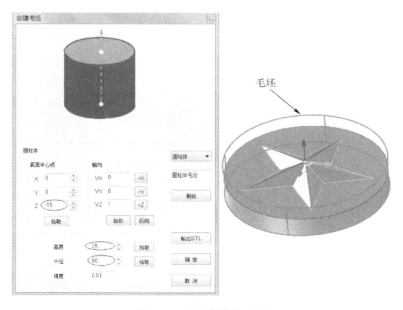

图 6-19　创建圆柱体毛坯

3．在"制造"功能区，单击"三轴加工"面板上的"等高线粗加工"按钮，弹出"等高线粗加工"对话框，设置加工参数如下："加工方式"选择"单向加工"，"加工方向"选择"顺铣"，"加工余量"设为"0.5"，"层高"设为"2"，"走刀方式"选择"环切"，"最大行距"设为"3"，如图6-20所示。

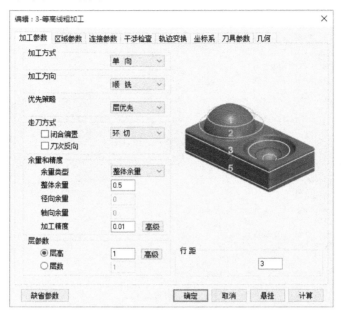

图6-20　等高线粗加工参数设置

4．在"区域参数"选项卡中，使用"加工边界"，拾取圆柱外轮廓加工边界，刀具中心位于加工边界外侧，如图6-21所示。

图6-21　等高线粗加工区域参数设置

5. 在"连接参数"选项卡中,在"接近/返回"处,选上"加下刀",如图 6-22 所示。

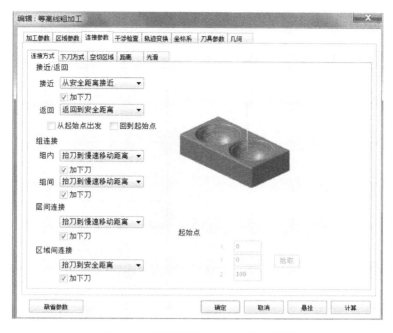

图 6-22　等高线粗加工连接参数设置

6. 在"几何"选项卡中,单击"加工曲面",在弹出的对话框中选择"曲面",单击拾取五角星加工曲面,或者选择"零件",单击拾取五角星实体零件;单击"毛坯",拾取圆柱体毛坯,如图 6-23 所示。

图 6-23　等高线粗加工几何参数设置

7. 各个加工参数设置完成后，单击"确定"按钮退出"等高线粗加工"对话框，系统会自动计算生成等高线粗加工轨迹，如图6-24所示。

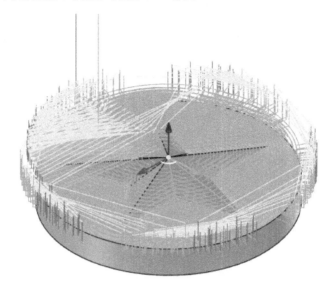

图6-24 等高线粗加工轨迹

8. 在"制造"功能区，单击"仿真"加工面板上的"实体仿真"按钮🔵，在弹出的窗口中，单击"拾取"按钮 拾取 ，拾取等高线粗加工轨迹，单击"仿真"按钮 仿真 ，进入"仿真"窗口，单击"运行"按钮 ▶ ，开始轨迹仿真加工，结果如图6-25所示。

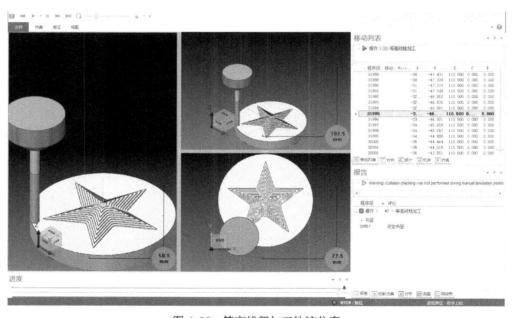

图6-25 等高线粗加工轨迹仿真

9. 在"制造"功能区，单击"后置处理"面板上的"后置处理"按钮 **G**，弹出"后置处理"对话框，选择控制系统文件Fanuc，单击"拾取"按钮 拾取 ，拾取等高线粗加工加工轨迹，选择"铣加工中心-3X"机床配置文件，单击"后置"按钮退出"后置处理"对话框，生成五角星等高线粗加工程序，如图 6-26 所示。

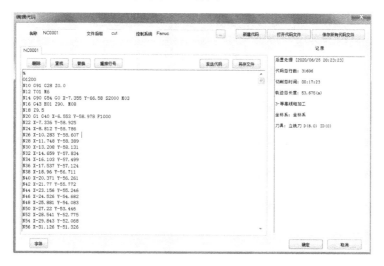

图 6-26　等高线粗加工程序

6.1.3　五角星曲面零件等高线精加工

1．在"制造"功能区，单击"三轴加工"面板上的"等高线精加工"按钮，弹出"等高线精加工"对话框，设置加工参数如下："加工方式"选择"单向加工"，"加工方向"选择"顺铣"，"加工顺序"选择"从上向下"，"加工余量"设为"0"，"层高"设为"2"，如图 6-27 所示。

6.1.3　五角星曲面零件等高线精加工

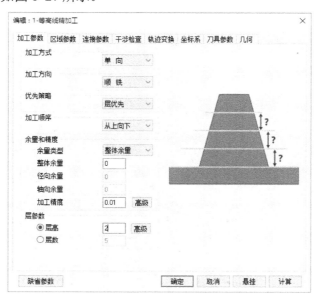

图 6-27　等高线精加工参数设置

2．在"几何"选项卡中，单击"加工曲面"，在弹出的对话框中选择"加工曲面"，单击拾取五角星加工曲面，如图 6-28 所示。

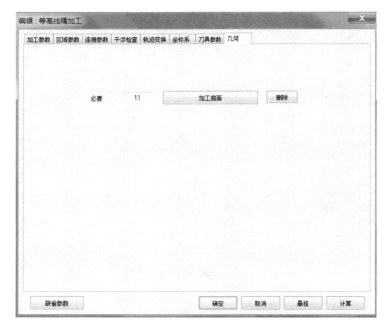

图 6-28　等高线精加工几何参数设置

3．加工参数设置完成后，单击"确定"按钮退出"等高线精加工"对话框，系统会自动计算生成等高线精加工轨迹，如图 6-29 所示。

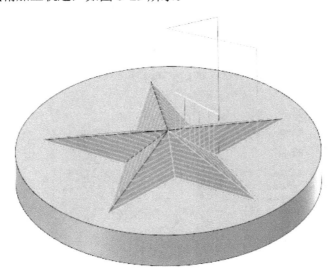

图 6-29　等高线精加工轨迹

4．在"制造"功能区，单击"后置处理"面板上的"后置处理"按钮 **G**，弹出"后置处理"对话框，选择控制系统文件 Fanuc，单击"拾取"按钮 拾取，拾取等高线精加工加工轨迹，选择"铣加工中心-3X"机床配置文件，单击"后置"按钮退出"后置处理"对话框，生成五角星等高线精加工程序，如图 6-30 所示。

图 6-30　等高线精加工程序

6.1.4　五角星零件轮廓外区域粗加工

1. 打开"制造"功能区，单击"二轴加工"面板上的"平面区域粗加工"按钮，弹出"平面区域粗加工"对话框，设置加工参数如下："走刀方式"选择"环形加工"、"从外向里"，"轮廓补偿"选择"TO"，"岛屿补偿"选择"TO"，设置"顶层高度"

> 6.1.4　五角星零件轮廓外区域粗加工

为"-9"，"底层高度"为"-10"，"每层下降高度"为"1"，"行距"为"3"，如图 6-31 所示。

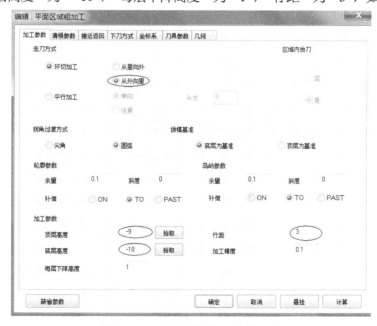

图 6-31　平面区域粗加工参数设置

2．在"几何"选项卡中，单击"轮廓曲线"，拾取直径为 60mm 的圆，单击"岛屿曲线"，拾取五角星外轮廓曲线，如图 6-32 所示。

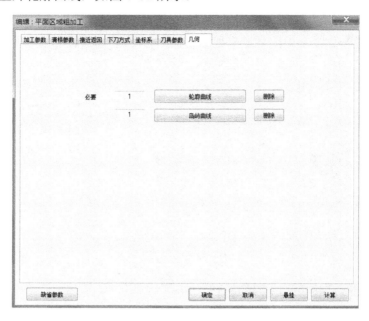

图 6-32　平面区域粗加工几何参数设置

3．参数设置完成后，单击"确定"按钮退出"平面区域粗加工"对话框，系统会自动生成平面区域粗加工轨迹，如图 6-33 所示。

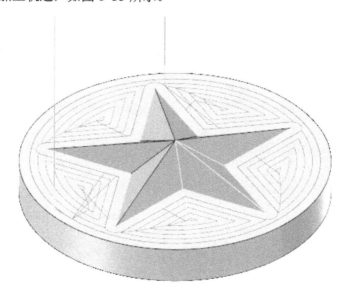

图 6-33　平面区域粗加工轨迹

4．在"制造"功能区，单击"后置处理"面板上的"后置处理"按钮 G，弹出"后置处理"对话框，选择控制系统文件 Fanuc，单击"拾取"按钮 拾取 ，拾取平面区域粗加工轨迹，选择"铣加工中心-3X"机床配置文件，单击"后置"按钮退出"后置处理"对话框，生成五角星零件轮廓外区域铣削加工程序，如图6-34所示。

图 6-34　五角星零件轮廓外区域铣削加工程序

5．在"制造"功能区，单击"仿真"加工面板上的"实体仿真"按钮⚪，在弹出的窗口中，单击"拾取"按钮 拾取 ，按住〈Ctrl 键〉拾取等高线粗加工轨迹、等高线精加工轨迹和平面区域粗加工轨迹，单击"仿真"按钮 仿真 ，进入"仿真"窗口，单击"运行"按钮 ▶ ，开始轨迹仿真加工，结果如图6-35所示。

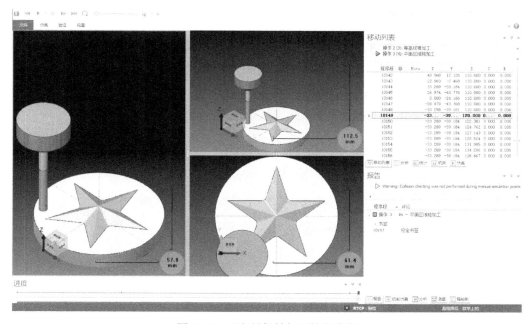

图 6-35　五角星粗精加工轨迹仿真

实例 6.2 果盘零件的设计与铣削加工

完成如图 6-36 所示果盘零件的实体造型设计，并对果盘零件内型腔表面进行精加工。

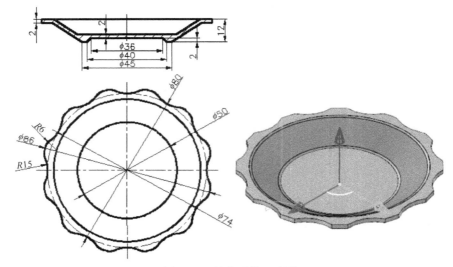

图 6-36 果盘零件尺寸图

此果盘零件是三维曲面模型，可以用旋转面造型方法进行曲面造型，用曲面实体化功能完成特征实体造型设计。曲面粗加工可以采用等高线粗加工功能，或者用曲面区域加工功能。曲面精加工应该选择导动线精加工功能，限于篇幅，本节只介绍导动线精加工方法。

> 6.2.1 零件
> CAD 造型设计

6.2.1 零件 CAD 造型设计

1．按 F9 键切换到图面到 *XOZ* 坐标面上，在工程设计模式环境下打开"曲线"功能区，单击"三维曲线"按钮 ，单击右下角的"正交"按钮 正交，在"基本绘图"面板上，单击"直线"按钮 /直线，绘制果盘零件的截面轮廓，如图 6-37 所示，绘图过程略。按〈F7 键〉，显示截面轮廓正视图，如图 6-38 所示。

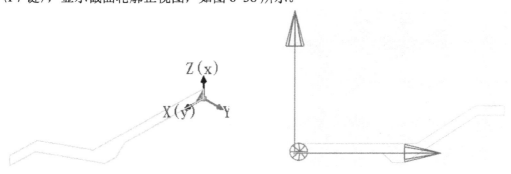

图 6-37 截面轮廓轴测图　　　　　　　　图 6-38 截面轮廓正视图

2．打开"曲面"功能区，在"曲面"面板上，单击"旋转面"按钮 ，拾取截面轮廓线，单击"确定"按钮 ✓ 退出，完成果盘零件旋转曲面建模。

3．打开"曲面"功能区，在"曲面"面板上，单击"实体化"按钮 实体化(S)，拾取果盘零件旋转曲面，单击"确定"按钮 ✓ 退出，完成果盘零件旋转曲面实体建模，如图 6-39 所示。

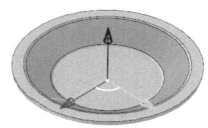

图 6-39　旋转曲面实体化

4．在设计环境中打开"草图"功能区，单击"草图"按钮 下方的小箭头，出现基准面选择选项。单击选择"在 X-Y 基准面"图标 ，在 X-Y 基准面内新建草图，进入草图绘图环境。

5．在"绘制"功能面板中，选择"圆心+半径"图标 圆心+半径，在圆心坐标（−55,0）的位置绘制 R15 的圆。在"修改"功能面板上，单击"裁剪"图标 裁剪，单击裁剪不需要的线，如图 6-40 所示。

6．在"修改"功能面板中，选择"圆角过渡"图标 圆角过渡，输入过渡半径"6"，单击拾取 R15 圆弧线和 R43 圆弧线，完成 R6 圆弧过渡。选择"圆角阵列"图标 圆型阵列，在"属性"对话框中，选择"阵列圆弧"，输入阵列数"12"，单击 图标的下拉按钮，单击"完成"按钮，完成圆弧阵列，如图 6-41 所示。单击"结束草图"按钮，单击下拉按钮中的 ，完成草图绘制。

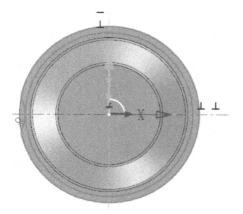

图 6-40　绘制 R15 圆弧

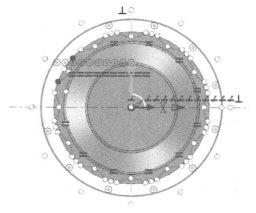

图 6-41　绘制草图

7．按 F8 键，草图轴测显示，如图 6-42 所示。

8．在左边的设计环境树中，右击"2D 草图"，在弹出的菜单中选择"生成—创建拉伸特征"，弹出"拉伸特征"对话框，"类型"选择"除料"，输入距离"20"，单击拾取果盘零件，单击"确定"按钮即可完成拉伸除料特征造型，如图6-43所示。

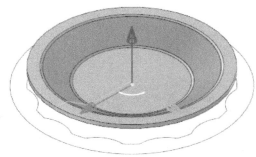

图6-42 草图轴测图

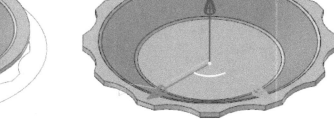

图6-43 除料特征建模

> 操作技巧：
> CAXA制造工程师2020使工程模式与创新模式并存，用户可以根据自己的需要进行选择。

工程模式是传统3D软件普遍采用的全参数化设计模式（即工程模式），符合大多数3D软件的操作习惯和设计思想，可以在数据之间建立严格的逻辑关系，便于设计修改。

创新模式将可视化的自由设计与精确化设计结合在一起，使产品设计跨越了传统参数化造型CAD软件的复杂性限制，不论是经验丰富的专业人员，还是刚进入设计领域的初学者，都能轻松开展产品创新工作。

6.2.2 果盘零件导动线精加工

1．打开"制造"功能区，单击"创建"面板上的"坐标系"按钮，弹出"坐标系"对话框，在Z坐标值中输入"10"，单击"确定"按钮退出，在工件上表面中心创建了新的坐标系，如图6-44所示。按F7键显示正视图，如图6-45所示。

2．打开"曲线"功能区，单击"三维曲线"按钮，在"基本绘图"面板上，单击"直线"按钮，绘制果盘零件的截面轮廓，绘图过程略，如图6-46所示。

图6-44 建立坐标系

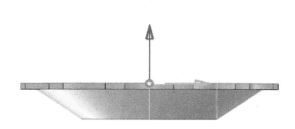

图6-45 坐标系正视图

3．右击加工管理树中的毛坯，在弹出的菜单中选择"创建毛坯"，打开"创建毛坯"对话框，选择"圆柱体"毛坯，输入底面中心坐标（0,0,0），高度"10"，半径"43"，单击"确定"按钮退出对话框，创建了一个圆柱体毛坯。

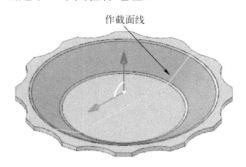

图 6-46　绘制截面图

4．在"制造"功能区，单击"三轴加工"面板上的"轮廓导动精加工"按钮 ，弹出"轮廓导动精加工"对话框，设置加工参数如下："行距"设为"1"，"截面线侧向"选择"内侧"，"轮廓曲线方向"为"顺时针"，如图 6-47 所示。

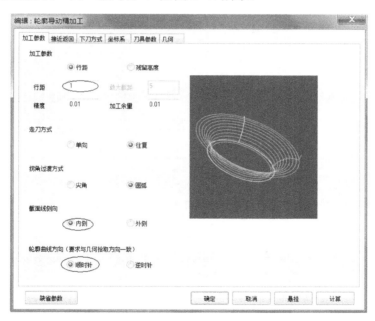

图 6-47　轮廓导动精加工参数设置

5．在"几何"选项卡中，如图 6-48 所示。单击"轮廓曲线"，在弹出的对话框中选择"零件上的边"，单击"拾取"，拾取果盘底圆，单击右键结束拾取轮廓曲线，如图 6-49 所示。

6．单击"截面线"，在弹出的对话框中选择"3D 曲线"，单击拾取截面线，单击右键结束拾取截面线，如图 6-50 所示。单击"确定"按钮 ，完成几何选项卡参数设置，果盘实体轴测显示，如图 6-51 所示。

图 6-48　几何参数设置

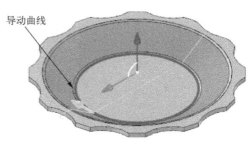

图 6-49　选择导动曲线

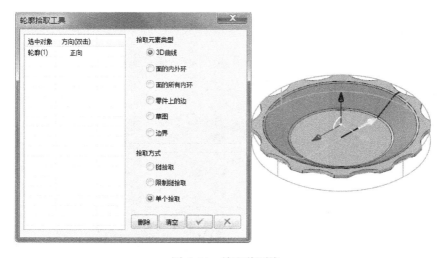

图 6-50　拾取截面线

7. 各个加工参数设置完成后，单击"确定"按钮退出"导动曲线精加工"对话框，系统会自动计算生成导动曲线精加工轨迹，如图 6-52 所示。

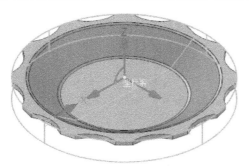

图 6-51　果盘实体轴测显示

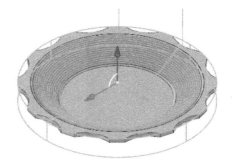

图 6-52　导动曲线精加工轨迹

8．在"制造"功能区，单击"仿真"加工面板上的"实体仿真"按钮●，在弹出的窗口中，单击"拾取"按钮 拾取 ，拾取导动曲线精加工轨迹，单击"仿真"按钮 仿真 ，进入"仿真"窗口中，单击"运行"按钮▶，开始导动曲线精加工轨迹仿真，结果如图 6-53 所示。

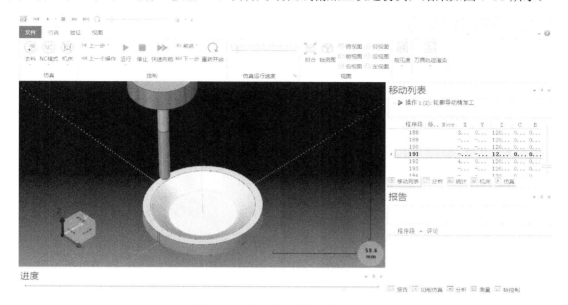

图 6-53　导动曲线精加工轨迹仿真

9．在"制造"功能区，单击"后置处理"面板上的"后置处理"按钮 **G**，弹出"后置处理"对话框，选择控制系统文件 Fanuc，单击"拾取"按钮 拾取 ，拾取导动曲线精加工，选择"铣加工中心-3X"机床配置文件，单击"后置"按钮退出"后置处理"对话框，生成导动曲线精加工程序，如图 6-54 所示。

图 6-54　导动曲线精加工程序

实例6.3　梅花印零件的设计与铣削加工

完成如图 6-55 所示梅花印零件的实体造型设计，并对梅花印零件球面和凹平面进行粗精加工。

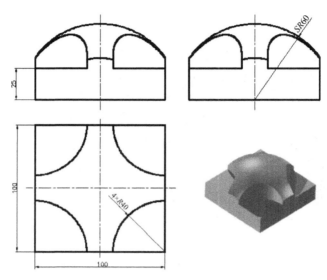

图 6-55　梅花印零件图

此梅花印零件是三维曲面实体模型，可以用实体造型方法，如旋转特征造型、拉伸增料、拉伸除料等方法完成实体特征造型设计。梅花印的整体形状较陡，因此整体加工时应该选择等高线粗加工功能，精加工可以采用参数线精加工功能。梅花印零件凹面可以采用平面区域粗加工和平面轮廓精加工功能来加工。

6.3.1　零件 CAD 造型设计

1．在设计环境中打开"草图"功能区面板，单击"草图"按钮 ⬚ 下方的小箭头，出现"基准面选择"选项。单击选择"在 X-Z 基准面"图标 ⬚ ，在 X-Z 基准面内新建草图，进入草图绘图环境。

2．在"绘图"功能面板中，选择"圆心+半径"图标 ⊙ 圆心+半径 ，单击捕捉坐标中心，移动光标出现圆形框，单击右键，弹出"编辑"对话框，输入半径"60"，选择单击"确定"按钮即可完成圆的绘制。选择"连续直线"图标 连续直线 ，绘制圆中心线，在"修改"功能面板上，单击"裁剪"图标 裁剪 ，单击裁剪不需要的线，单击草图图标旁的下拉按钮，从中选择"完成" ✓ ，生成一个 1/4 圆形草图，如图 6-56 所示。

3．在左边的设计环境树中，右击"2D 草图"，在弹出的菜单中选择"生成—创建旋转特征"，弹出"旋转特征"对话框，选择"独立零件"，单击"确定"按钮即可完成半球面特征造型，如图 6-57 所示。

4．在设计环境中打开"草图"功能区面板，单击"草图"按钮 ⬚ 下方的小箭头，出现"基准面选择"选项，单击选择"在 X-Y 基准面"图标 ，在 X-Y 基准面内新建草图，进入草图绘图环境。

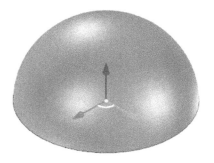

图 6-56　绘制草图　　　　　　　　图 6-57　旋转增料建模

5．在"绘图"功能面板中，选择"中心矩形"图标 中心矩形，单击捕捉坐标中心，移动光标出现矩形框，单击右键，弹出"编辑"对话框，输入长度"100"，宽度"100"，选择单击"确定"按钮即可完成正方形草图的绘制，如图 6-58 所示。

6．单击"草图"图标旁的下拉按钮，从中选择"完成" ✓，生成一个二维正方形草图。在左边的设计环境树中，右击"2D 草图"，在弹出的菜单中选择"生成—创建拉伸特征"，弹出"拉伸特征"对话框，输入距离"25"，单击"确定"按钮即可完成正方形拉伸特征造型，如图 6-59 所示。

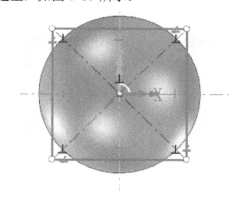

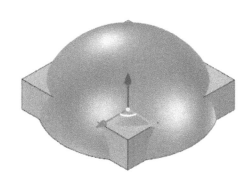

图 6-58　绘制正方形草图　　　　　　图 6-59　拉伸增料建模

7．在设计环境中打开"草图"功能区面板，单击"草图"按钮 下方的小箭头，出现"基准面选择"选项，单击选择"在 X-Y 基准面"图标 ，在 X-Y 基准面内新建草图，进入草图绘图环境。

8．在"绘图"功能面板中，选择"中心矩形"图标 中心矩形，单击捕捉坐标中心，移动光标出现矩形框，然后单击右键弹出"编辑"对话框，输入长度"100"，宽度"100"，同理绘制边长为 130 的正方形，单击"确定"按钮即可完成两个正方形草图的绘制，如图 6-60 所示。

9．在左边的设计环境树中，右击"2D 草图"，在弹出的菜单中选择"生成—创建拉伸特征"，弹出"拉伸特征"对话框，拾取相关零件，"生成类型"选择"除料"，输入距离

"60"，单击"确定"按钮即可完成拉伸除料特征造型，如图 6-61 所示。

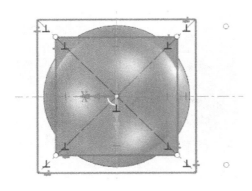

图 6-60　绘制正方形草图

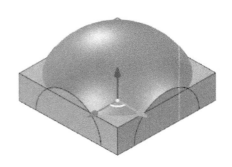

图 6-61　拉伸除料建模

10．在设计环境中打开"草图"功能区面板，单击"草图"按钮 下方的小箭头，出现"基准面选择"选项。单击选择"二维草图"图标 ，可以进入"二维草图定位类型"对话框，按照命令管理栏中的提示，选择点方式定位草图平面，单击上表面一点，单击"确定"按钮 ✓，完成基准平面创建，即可进入草图，开始二维草图的绘制。

11．在"绘图"功能区面板上，选择"中心矩形"图标 中心矩形，单击捕捉坐标中心，单击长方体上表面，单击右键，弹出"编辑"对话框，输入长度"100"，宽度"100"，单击"确定"按钮即可完成正方形草图的绘制，然后按照零件图要求利用其他绘图功能绘制如图 6-62 所示的草图。

12．在左边的设计环境树中，右击"2D 草图"，在弹出的菜单中选择"生成—创建拉伸特征"，弹出"拉伸特征"对话框，拾取相关零件，"生成类型"选择"除料"，输入距离"50"，单击"确定"按钮即可完成拉伸除料特征造型，如图 6-63 所示。

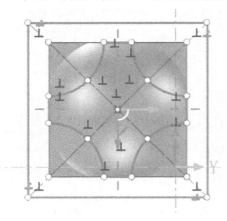

图 6-62　绘制草图

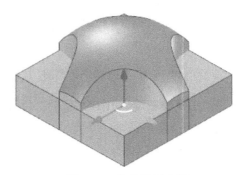

图 6-63　拉伸除料建模

6.3.2　梅花印零件凹面平面区域粗加工

1．打开"制造"功能区，单击"创建"面板上的"坐标系"按钮 ，弹出"坐标系"对话框，在 Z 坐标值中输入

6.3.2　梅花印零件凹面平面区域粗加工

"60"，单击"确定"按钮退出，在工件顶部中心创建了新的坐标系，如图 6-64 所示。

2．打开"曲线"功能区，单击"三维曲线"面板上的"三维曲线"按钮 ，用基本绘图面板中的"直线"和修改面板的"裁剪"命令完成轴线和轮廓线的绘制，如图 6-65 所示。

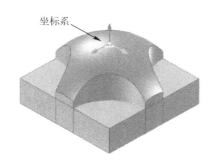

图 6-64　建立坐标系

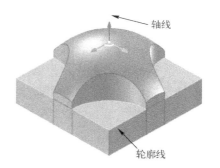

图 6-65　绘制轴线和轮廓线

3．打开"制造"功能区面板，单击"二轴加工"面板上的"平面区域粗加工"按钮 ，弹出"平面区域粗加工"对话框，设置加工参数如下："走刀方式"选择"环形加工"、"从外向里"，"轮廓补偿"选择"TO"，"岛屿补偿"选择"TO"，设置"顶层高度"为"0"，"底层高度"为"-35"，"每层下降高度"为"2"，"行距"为"4"，如图 6-66 所示。

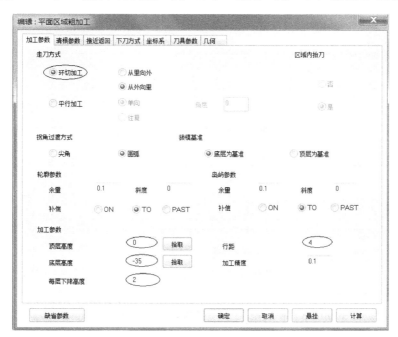

图 6-66　平面区域粗加工参数设置

4．设置"下刀方式"为"螺旋下刀"，"刀具"选择直径为 8mm 的立铣刀，"主轴转速"设为"2000"，"切削速度"设为"1200"。在"几何"选项卡中，单击"轮廓曲线"，拾取加工轮廓线。

5. 参数设置完成后，单击"确定"按钮退出"平面区域粗加工"对话框，系统会自动生成平面区域粗加工轨迹，加工轨迹轴测显示如图 6-67 所示。

6. 打开"制造"功能区面板，单击"轨迹变换"面板上的"阵列轨迹"按钮 ⊞⊞，弹出"阵列轨迹"对话框，如图 6-68 所示。选择"圆形阵列"，角间距"90"，数量"4"，单击拾取轴线，单击拾取加工轨迹，然后单击"确定"按钮退出"阵列轨迹"对话框，完成轨迹阵列，如图 6-69 所示。

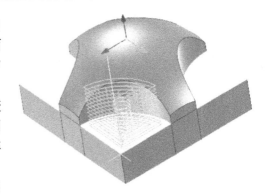

图 6-67 平面区域粗加工轨迹

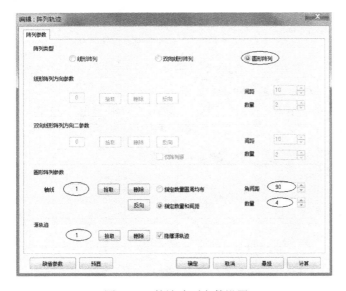

图 6-68 轨迹阵列参数设置

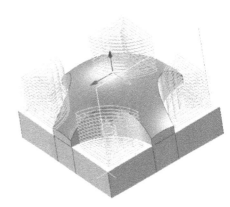

图 6-69 阵列加工轨迹

6.3.3 梅花印零件球面等高线粗加工

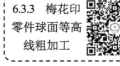

6.3.3 梅花印零件球面等高线粗加工

1. 打开"制造"功能区面板，单击"三轴加工"面板上的"等高线粗加工"按钮 ⬡，弹出"等高线粗加工"对话框，设置加工参数如下："走刀方式"选择"环切"、"从外向里"，"层高"设为"2"，"最大行距"设为"3"，如图 6-70 所示。

2. 选择直径为 8mm 的球头铣刀，"主轴转速"设为"2000"，"切削速度"设为"1000"。在"几何参数"选项卡中，单击"加工曲面"，拾取加工曲面，单击毛坯，拾取加工毛坯。

3. 参数设置完成后，单击"确定"按钮退出"等高线粗加工"对话框，系统会自动生成等高线粗加工轨迹，加工轨迹轴测显示如图 6-71 所示。

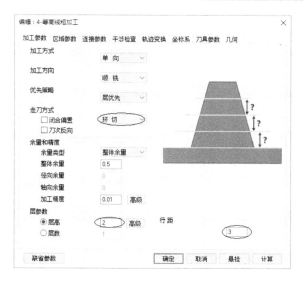

图 6-70　等高线粗加工参数设置

6.3.4　梅花印零件凹面平面轮廓精加工

1．打开"曲线"功能区，单击"三维曲线"面板上的"三维曲线"按钮，用"基本绘图"面板中的"直线"命令绘制长度 10mm 的延长线，确定下刀点和退刀点，如图 6-72 所示。

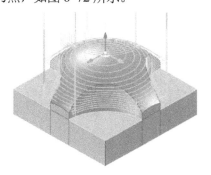

图 6-71　等高线粗加工轨迹

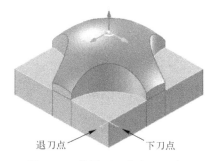

图 6-72　设置下刀点和退刀点

2．打开"制造"功能区面板，单击"二轴加工"面板上的"平面轮廓精加工"按钮，弹出"平面轮廓精加工"对话框，设置加工参数如下："刀次"设为"5"，设置"顶层高度"为"-34"，"底层高度"为"-35"，"每层下降高度"为"1"，"行距"为"5"，如图 6-73 所示。

3．在"刀具参数"选项卡中，选择直径为 10mm 的立铣刀，"主轴转速"设为"2800"，"切削速度"设为"1200"。在"几何"选项卡中，单击"轮廓曲线"，拾取轮廓曲线，分别单击拾取下刀点和退刀点。

4．参数设置完成后，单击"确定"按钮退出"平面轮廓精加工"对话框，系统会自动生成平面轮廓精加工轨迹，加工轨迹轴测显示如图 6-74 所示。

5．打开"制造"功能区面板，单击"轨迹变换"面板上的"阵列轨迹"按钮，弹出"阵列轨迹"对话框，如图 6-75 所示。选择"圆形阵列"，角间距"90"，数量"4"，单击拾取轴线，单击拾取加工轨迹，然后单击"确定"按钮退出"阵列轨迹"对话框，完成轨迹阵列，如图6-76所示。

图6-73　平面轮廓精加工参数设置

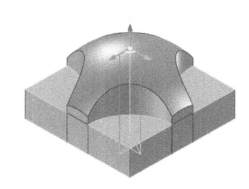

图6-74　平面轮廓精加工轨迹

图6-75　轨迹阵列参数设置

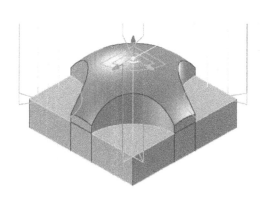

图6-76　阵列加工轨迹

6.3.5　梅花印零件球面参数线精加工

6.3.5　梅花印
零件球面参数
线精加工

1．打开"制造"功能区面板，单击"三轴加工"面板上的"参数线精加工"按钮，弹出"参数线精加工"对话框，设置加工参数如下："行距"设为"2"，"走刀方式"选择"往复"，如图6-77所示。

2．在"刀具参数"选项卡中，选择直径为8mm的球头铣刀，"主轴转速"设为"2000"，"切削速度"设为"1000"。在"几何"选项卡中，单击"加工曲面"，拾取加工曲面。

3．参数设置完成后，单击"确定"按钮退出"参数线精加工"对话框，系统会自动生成参数线精加工轨迹，加工轨迹轴测显示如图6-78所示。

4．在"制造"功能区，单击"仿真"加工面板上的"实体仿真"按钮，在弹出的窗口中，单击"拾取"按钮 拾取 ，依次拾取四个加工轨迹，单击"仿真"按钮 仿真 ，进入

"仿真"窗口中，单击"运行"按钮 ▶ ，开始轨迹仿真加工，结果如图 6-79 所示。

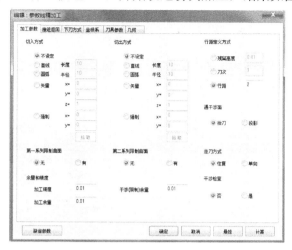

图 6-77　参数线精加工参数设置

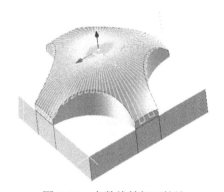

图 6-78　参数线精加工轨迹

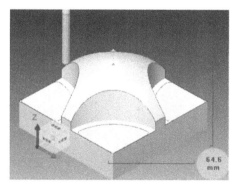

图 6-79　梅花印加工轨迹仿真

5．在"制造"功能区，单击"后置处理"面板上的"后置处理"按钮 G，弹出"后置处理"对话框。选择控制系统文件 Fanuc，单击"拾取"按钮 拾取 ，依次拾取四个加工轨迹，选择"铣加工中心-3X"机床配置文件，单击"后置"按钮退出"后置处理"对话框，生成梅花印零件曲面粗精加工程序，如图 6-80 所示。

图 6-80　梅花印加工程序

课后练习

1．用轮廓线精加工、平面区域式粗加工和孔加工命令加工如图 6-81 所示的零件，台体零件模型如图 6-82 所示。

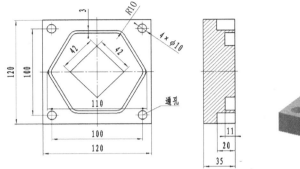

图 6-81 台体零件尺寸图　　　　　　　　图 6-82 台体零件模型

2．按下列可乐瓶底曲面模型尺寸造型并编制加工程序，如图 6-83 所示。可乐瓶底曲面造型和凹模型腔造型如图 6-84 所示。

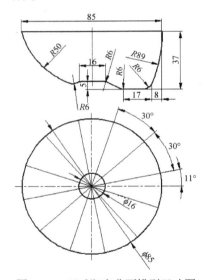

图 6-83 可乐瓶底曲面模型尺寸图

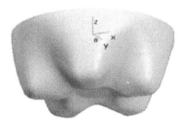

图 6-84 可乐瓶底曲面造型和凹模型腔造型

3．按下列五角星模型图尺寸编制 CAM 加工程序，已知毛坯零件尺寸为 110mm×110mm×40mm，五角星原高 15mm，五角星外接圆半径为 R40，如图 6-85 所示。

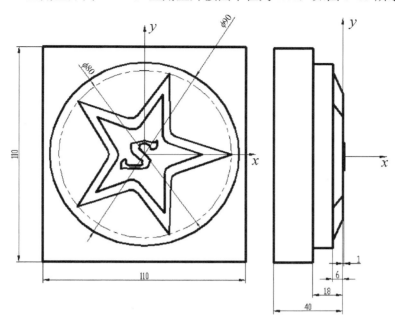

图 6-85　五角星模型尺寸图

要求：（1）合理安排加工工艺路线并建立加工坐标系。

（2）应用适当的加工方法编制完整的 CAM 加工程序，后置处理格式按 FANUC 系统要求生成。

第7章 典型零件的设计与铣削加工

CAXA 制造工程师 2020 采用 3D 实体设计平台，拥有丰富的实体设计元素，让造型设计变得简单有趣；新增 6 种加工策略，提高了粗加工效率，使加工更加灵活便捷；支持 2D/3D 自适应高效粗加工，利用刀具侧刃恒体积去除材料的切削方法，使粗加工效率明显提高，刀具使用寿命也大大延长；简明的管理树加工工艺更清晰，可直观地展示当前文件的坐标系、刀具、轨迹、代码等信息，便于用户执行各项与加工相关的命令；支持 17 种类型的刀具编程，支持预设刀具参数，节省了编程时间；通用后置处理,支持各种机床通信；内置代码编辑工具，方便手工编程；坐标系支持三维球操作，创建坐标系即可满足编程坐标系、五轴定向坐标系、建模坐标系等各种场景要求。

本章以曲面槽零件、梅花筒零件、扇轮零件的造型设计与铣削加工为例，介绍了 CAXA 制造工程师 2020 的二维造型、实体造型、曲面造型、建立毛坯、程序生成及仿真方法，重点学习自适应粗加工、钻孔加工、平面轮廓精加工、参数线精加工、四轴柱面包裹加工、等高线粗加工、五轴参数线加工和五轴侧铣加工等加工功能。

◎技能目标
- 掌握 CAXA 制造工程师 2020 的 3D 实体特征造型方法。
- 掌握 CAXA 制造工程师 2020 的基本绘图和三维曲面造型功能。
- 掌握自适应粗加工、平面轮廓精加工功能。
- 掌握参数线精加工和四轴柱面包裹加工功能。
- 掌握五轴参数线加工和五轴侧铣加工功能。

实例 7.1 曲面槽零件的设计与正面铣削加工

完成如图 7-1 所示的曲面槽零件的正面三维 CAD 造型设计、曲面槽零件正面区域粗加工、腰槽平面轮廓精加工和曲面槽精加工程序编制。零件材料为 45 钢，零件厚度为 28mm。

此曲面槽零件是三维曲面实体模型，可以用实体特征造型方法，如拉伸除料、旋转除料等方法完成特征造型设计。曲面槽零件的整体形状较为平坦，因此整体加工时应该选择自适应粗加工，腰槽采用平面轮廓精加工，曲面槽采用参数线精加工。CAXA 制造工程师 2020 提供自适应粗加工功能，提高了加工效率。

7.1.1 零件 CAD 造型设计

1. 在创新模式环境中，按住鼠标左键拾取"圆柱"按钮

, 从右边的实体设计图素库中拖一个圆柱体到设计环境当中，然后松开鼠标左键。选择圆柱体零件，单击上面标题栏中的"三维球"按钮, 打开三维球，或者按 F10 键打开三维球。在中心控制手柄上单击鼠标右键，在立即菜单中选择"编辑位置"，出现一个输入对话框，输入长度"0"，宽度"0"，高度"0"，如图 7-2 所示。单击"确定"按钮完成圆柱

体中心位置编辑。

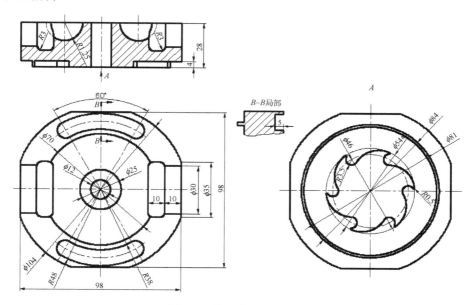

图 7-1　曲面槽零件尺寸图

图 7-2　编辑中心位置

2．双击该圆柱体，进入智能图素编辑状态。在这一状态下系统显示一个黄色的包围盒和 6 个方向的操作手柄。当出现手形和双箭头时右击鼠标，从弹出的立即菜单中选择"编辑包围盒"，出现一个输入对话框，其中的数值表示当前包围盒的尺寸。输入长度"104"，宽度"104"，高度"28"，如图 7-3 所示。单击"确定"按钮完成圆柱体建模。

3．直接单击"草图"按钮　，可以进入"二维草图定位类型"对话框。按照命令管理栏中的提示，选择点方式定位草图平面，单击圆柱体上表面中心。单击"确定"按钮，完成基准平面创建，即可进入草图，开始二维草图的绘制。

4．在"草图"功能区，单击"绘图"面板上的"中心矩形"按钮　中心矩形，捕捉坐标中心点，然后拉动鼠标，同时单击鼠标右键，在弹出的编辑框中输入长度"98"，宽度"98"，单击"确定"按钮完成正方形的绘制；同样方法绘制一个边长为 110mm 的正方形，单击"绘图"面板上的"圆：圆心-半径"按钮⊘ 圆:圆心_半径，捕捉坐标中心点，单击鼠标右键，在弹出的编辑框中输入半径"6"，单击"确定"按钮完成 R6 圆的绘制，单击 ✓ 图标的下拉按钮，单击"完成"按钮 ✓ 完成，完成草图曲线的绘制，如图 7-4 所示。

图 7-3　修改圆柱体尺寸

　　5．在左边的设计环境树中，右击"2D 草图 1"，在弹出的菜单中选择"生成—创建拉伸特征"，在弹出的"拉伸特征"对话框中，"类型"选择"除料"，"方向"选择"拉伸反向"，输入距离"30"，单击拾取相关零件，单击"确定"按钮即可完成拉伸除料特征造型，如图 7-5 所示。

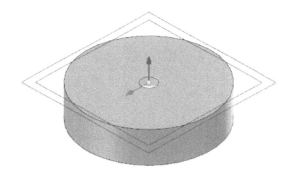

图 7-4　绘制草图

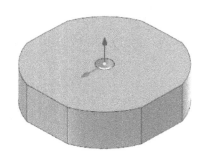

图 7-5　拉伸除料

　　6．同样直接单击"草图"按钮 ⬚ 二维草图，可以进入"二维草图定位类型"的对话框。按照命令管理栏中的提示，选择点方式定位草图平面，单击圆柱体上表面中心，单击"确定"按钮，完成基准平面创建，即可进入草图，开始二维草图的绘制。

　　7．在"草图"功能区，利用"绘图"面板上的"圆：圆心-半径"功能绘制 R38、R48、R43 的圆，利用"绘图"面板上的"两点线"功能绘制夹角 30° 的斜线，最后绘制 R5 的两个圆，单击"裁剪"图标 ✂ 裁剪，裁剪不需要的线。单击 ✓ 图标的下拉按钮，单击"完成"按钮 ✓ 完成，完成草图曲线的绘制，如图 7-6 所示。

　　8．在左边的设计环境树中，右击"2D 草图 2"，在弹出的菜单中选择"生成—创建拉伸特征"，在弹出的"拉伸特征"对话框中，"类型"选择"除料"，"方向"选择"拉伸反向"，输入距离"5"，单击拾取相关零件，单击"确定"按钮即可完成拉伸除料特征造型，如图 7-7 所示。

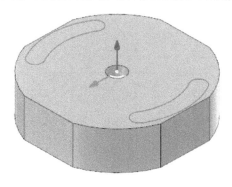

图 7-6　绘制草图

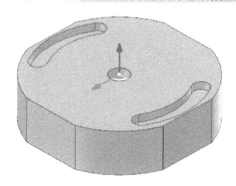

图 7-7　拉伸除料

9．同样直接单击"草图"按钮 ，在上表面中心创建基准平面，即可进入草图，利用"绘图"面板上的"圆：圆心-半径"功能绘制 $R12.5$、$R35$ 的圆，单击"完成"按钮 ，完成草图曲线的绘制，如图 7-8 所示。

10．在设计环境中打开"草图"功能区，单击"草图"按钮 下方的小箭头，出现"基准面选择"选项。单击选择"在 Z-X 基准面"图标 ，在 Z-X 基准面内新建草图，进入草图绘图环境。

11．在"绘图"功能面板中，选择"两端点"图标 ，捕捉右边左边圆上点绘制 $R11.5$ 的圆弧。利用"绘图"面板上的"两点线"功能绘制水平线。单击"结束草图"按钮，单击下拉按钮中的 ，完成草图绘制，如图 7-9 所示。

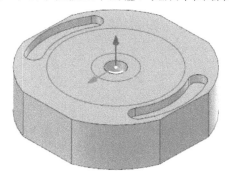

图 7-8　绘制草图

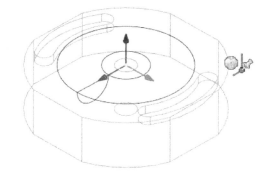

图 7-9　绘制草图

12．在左边的设计环境树中，右击"2D 草图 3"，在弹出的菜单中选择"生成—旋转特征"，在弹出的"旋转特征"对话框中，"类型"选择"除料"，单击拾取相关零件，单击"确定"按钮即可完成旋转除料特征造型，如图 7-10 所示。

13．直接单击"草图"按钮 ，可以进入"二维草图定位类型"对话框。按照命令管理栏中的提示，选择点方式定位草图平面，单击形体左侧表面中心。单击"确定"按钮，完成基准平面创建，即可进入草图，开始二维草图的绘制。单击"绘图"面板上的"圆：圆心-半径"按钮 ，捕捉坐标中心点，单击鼠标右键，在弹出的编辑框中输入半径"15"，单击"确定"按钮完成 $R15$ 圆的绘制，单击 图标的下拉按钮，单击"完成"按钮 ，完成草图曲线的绘制，如图 7-11 所示。

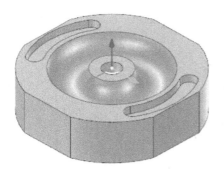

图 7-10　旋转除料

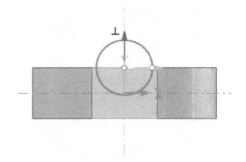

图 7-11　绘制草图

14．在左边的设计环境树中，右击"2D 草图 4"，在弹出的菜单中选择"生成—创建拉伸特征"，在弹出的"拉伸特征"对话框中，"类型"选择"除料"，"方向"选择"拉伸反向"，输入距离"10"，单击拾取相关零件，单击"确定"按钮即可完成拉伸除料特征造型，如图 7-12 所示。

15．和上面的方法一样，绘制如图 7-13 所示 $R17.5$ 圆的草图，拉伸除料完成特征造型，如图 7-14 所示。

图 7-12　拉伸除料

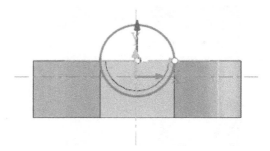

图 7-13　绘制草图

16．在"特征"功能区中，单击"变换"面板中的"阵列特征"图标，在弹出的"属性"对话框中，选择"圆型阵列"，单击拾取左边的两个特征，单击坐标中心点，阵列轴方向向上，阵列角度为"180°"，阵列数量为"2"，如图 7-15 所示。单击✓图标，完成阵列特征造型，如图 7-16 所示。

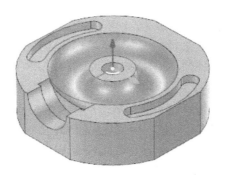

图 7-14　拉伸除料

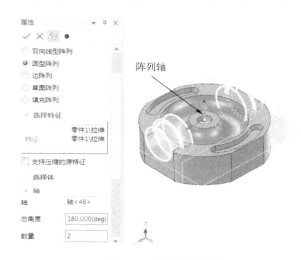

阵列轴

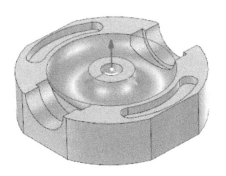

图 7-15 圆型阵列操作   图 7-16 阵列特征

7.1.2 零件正面自适应粗加工

1. 右击加工管理树中的毛坯,在弹出的菜单中选择"创建毛坯",打开"创建毛坯"对话框,如图 7-17 所示。选择圆柱体毛坯,输入底面中心坐标"(0,0,-1)",高度"30",半径"53",最后单击"确定"按钮退出对话框,创建了一个圆柱体毛坯。

> 7.1.2 零件正面自适应粗加工

 操作技巧:

作为毛坯,在高度上大了 1mm,所以中心坐标设为"Z-1"。

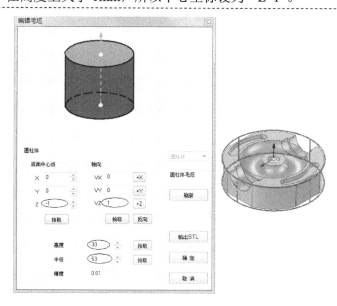

图 7-17 创建毛坯

2. 在"制造"功能区,单击"三轴加工"面板上的"自适应粗加工"按钮 ,弹出"自适应粗加工"对话框，设置加工参数如下："加工方式"选择"往复"加工，"加工方向"为"顺铣"，"加工余量"设为"0.5"，"层高"设为"2"，"行距"设为"2"，如图7-18所示。

图7-18　自适应粗加工参数设置

3．在"区域参数"选项卡中，选择使用"工件边界定义"，如图7-19所示。

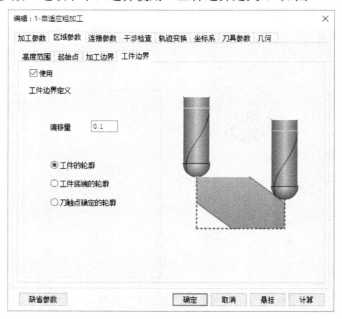

图7-19　工件边界定义

4．在"连接参数"选项卡中，"连接方式"选择"加下刀"，如图7-20所示。

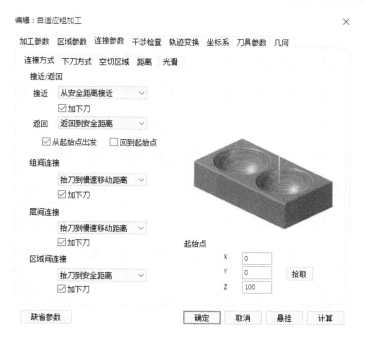

图 7-20　自适应粗加工连接参数设置

5. 选择 φ6 的球形刀具，在"几何"选项卡中，单击拾取加工曲面，单击工件上的加工曲面。单击毛坯，单击拾取毛坯。各项参数设置完成后，单击"确定"按钮退出"自适应粗加工"对话框，系统经过计算会自动生成自适应粗加工轨迹，如图 7-21 所示。

6. 在"制造"功能区，单击"仿真"加工面板上的"实体仿真"按钮🔵，在弹出的窗口中，单击"拾取"按钮 拾取 ，拾取自动生成自适应粗加工轨迹，单击"仿真"按钮 仿真 ，进入"仿真"窗口，单击"运行"按钮 ▶ ，开始轨迹仿真加工，结果如图 7-22 所示。

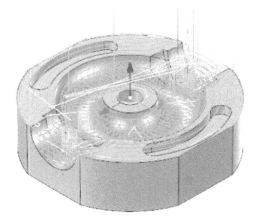

图 7-21　自适应粗加工轨迹

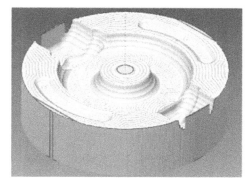

图 7-22　自适应粗加工轨迹仿真

7.1.3　零件中部钻孔加工

1. 在"制造"功能区，单击"钻孔"加工面板上的"G01 钻

7.1.3　零件中部钻孔加工

孔"按钮 ，弹出"G01 钻孔"对话框，设置加工参数如下："钻孔深度"设为"30"，"下刀次数"设为"3"，如图7-23所示。

2．在"刀具参数"选项卡中选择φ11.8 的钻头。在"几何"选项卡中，单击"拾取孔点"，然后单击工件上孔的中心点。各项参数设置完成后，单击"确定"按钮退出"钻孔参数设置"对话框，系统经过计算会自动生成钻孔加工轨迹，如图7-24所示。

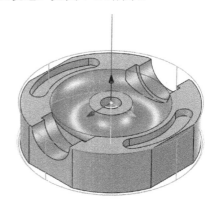

图7-23　G01 钻孔加工参数设置　　　　图7-24　G01 钻孔加工轨迹

7.1.4　零件正面腰槽平面轮廓精加工

1．在"制造"功能区，单击"二轴加工"面板上的"平面轮廓精加工"按钮，弹出"平面轮廓精加工"对话框，设置加工参数如下："顶层高度"为"1"，"底层高度"为"-4.8"，"每层下降高度"为"1"，"偏移方向"为"左偏"，"刀次"为"4"，选择"余量方式"，如图7-25所示。

图7-25　平面轮廓精加工参数设置

186

2．在"加工参数"选项卡中，单击"定义余量"，设置每次加工的余量，如图 7-26 所示。

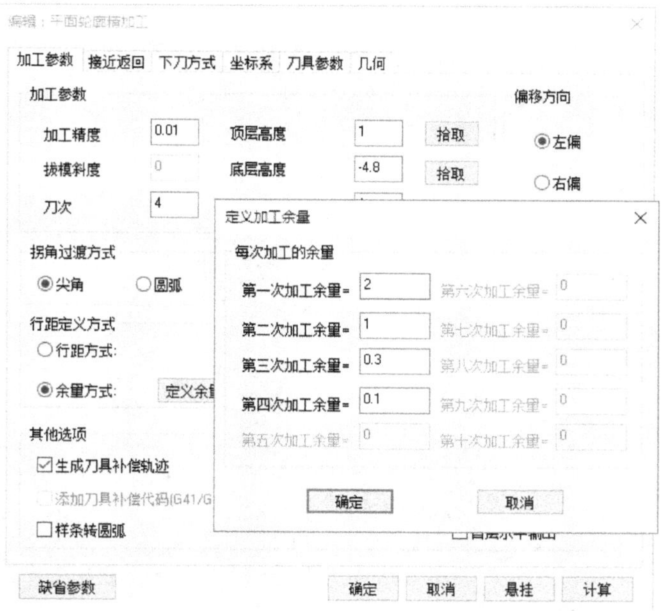

图 7-26　定义加工余量

3．在"下刀方式"选项卡中，选择"切入方式"为"垂直下刀"，半径 5mm，如图 7-27 所示。

图 7-27　下刀方式设置

4．在"刀具参数"选项卡中选择 $\phi 6$ 的立铣刀。在"几何"选项卡中，单击"轮廓曲线"，在工件上拾取腰槽轮廓曲线。各项参数设置完成后，单击"确定"按钮退出"平面轮廓精加工参数设置"对话框，系统经过计算会自动生成平面轮廓精加工轨迹，如图7-28所示。

5．在"制造"功能区，单击"仿真"加工面板上的"实体仿真"按钮◉，在弹出的窗口中，单击"拾取"按钮 拾取 ，拾取平面轮廓精加工轨迹，单击"仿真"按钮 仿真 ，进入"仿真"窗口中，单击"运行"按钮 ▶ ，开始轨迹仿真加工，结果如图7-29所示。

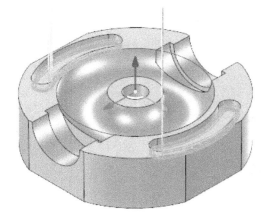

图7-28　平面轮廓精加工轨迹

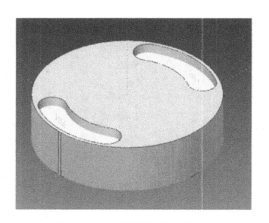

图7-29　平面轮廓精加工轨迹仿真

7.1.5　零件正面曲面槽参数线精加工

1．在"制造"功能区，单击"三轴加工"面板上的"参数线精加工"按钮〰，弹出"参数线精加工"对话框，设置加工参数如下："行距"设为"2"，如图7-30所示。

7.1.5　零件正面面曲面槽参数线精加工

图7-30　参数线精加工参数设置

2．在"刀具参数"选项卡中选择ϕ3 的球头铣刀。在"几何"选项卡中，单击"加工曲面"，弹出参数面拾取工具，单击拾取加工曲面，注意加工方向向上。如果加工方向向下，在参数面拾取工具框中双击"正向"就可以改为"反向"，如图 7-31 所示。各项参数设置完成后，单击"确定"按钮退出"参数线精加工参数设置"对话框，系统经过计算会自动生成参数线精加工轨迹，如图 7-32 所示。

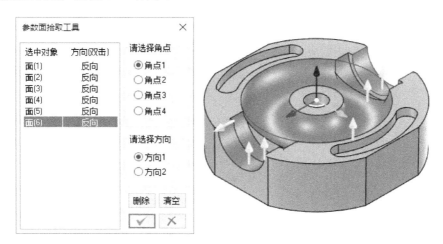

图 7-31　参数面拾取

3．在"制造"功能区，单击"仿真"加工面板上的"实体仿真"按钮 ⬤，在弹出的窗口中，单击"拾取"按钮 拾取 ，拾取参数线精加工轨迹，单击"仿真"按钮 仿真 ，进入"仿真"窗口，单击"运行"按钮 ▶ ，开始轨迹仿真加工，结果如图 7-33 所示。

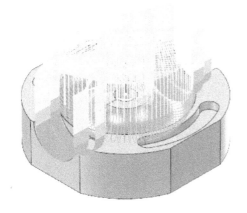

图 7-32　参数线精加工轨迹

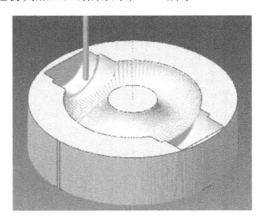

图 7-33　参数线精加工轨迹仿真

4．在"制造"功能区，单击"后置处理"面板上的"后置处理"按钮 **G**，弹出"后置处理"对话框，选择控制系统文件 Fanuc，单击"拾取"按钮 拾取 ，拾取参数线精加工轨迹，选择"铣加工中心 4X-TA"机床配置文件，单击"拾取"，拾取工件坐标系，如图 7-34 所示。单击"后置"按钮退出"后置处理"对话框，生成参数线精加工程序 G 代码，如图 7-35 所示。

图 7-34 后置处理

图 7-35 参数线精加工程序

💎 操作技巧：

系统默认的坐标系为世界坐标系，如果要用工件坐标系，就要选择"定向加工"，拾取工件坐标系。

实例 7.2 曲面槽零件的设计与反面铣削加工

完成如图 7-36 所示的曲面槽零件的反面三维 CAD 造型设计、曲面槽零件反面区域粗加工、平面轮廓精加工程序的编制。

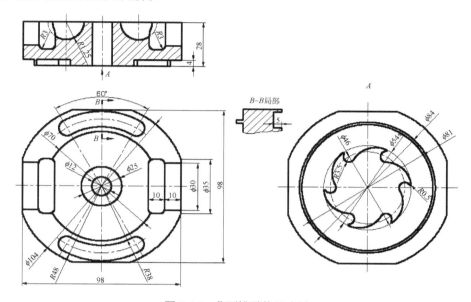

图 7-36 曲面槽零件尺寸图

此曲面槽零件反面是平面型腔实体模型，可以用实体特征造型方法，如拉伸除料等方法完成特征造型设计。曲面槽零件反面形状是平面型腔，因此整体加工时应该选择自适应粗加工功能，平面型腔采用平面轮廓精加工功能。

7.2.1 零件 CAD 造型设计

7.2.1 零件 CAD 造型设计

1. 打开"制造"功能区，单击"创建"面板上的"坐标系"按钮，在弹出的"坐标系"对话框中，输入坐标系名称为"坐标系 2"，单击"点"，按住鼠标中键旋转零件，在工件反面中心拾取坐标原点，在 Z 轴矢量中单击反向，使 Z 值为-1，单击"确定"退出，在工件上表面中心创建了新的坐标系 2。

2. 在"草图"功能区，单击"绘图"面板上的"圆：圆心-半径"按钮 圆:圆心_半径，捕捉坐标中心点，单击鼠标右键，在弹出的编辑框中输入半径"42"，绘制 R42 的圆，同样方法绘制 R40.5、R27、R23 的圆，用"两切点+一点"方式绘制 R16 的圆，如图 7-37 所示。

3. 在"修改"功能面板上，单击"裁剪"图标 裁剪，单击裁剪不需要的线，如图 7-37 所示。单击 图标的下拉按钮，单击"完成"按钮 完成，完成草图曲线的绘制，如图 7-38 所示。

4. 在左边的设计环境树中，右击"2D 草图 5"，在弹出的菜单中选择"生成—创建拉伸特征"，弹出"创建拉伸特征"对话框，如图 7-39 所示。"类型"选择"除料"，"方向"选择"拉伸反向"，输入距离"4"，单击拾取相关零件，单击"确定"按钮即可完成拉伸除料特征造型，如图 7-40 所示。

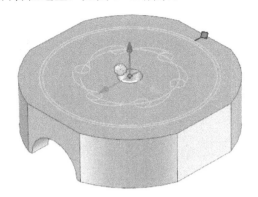

图 7-37　绘制草图辅助线

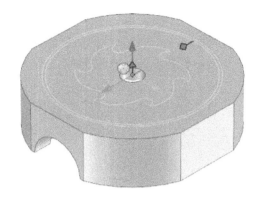

图 7-38　绘制草图

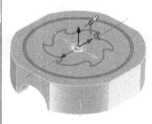

图 7-39　拉伸除料设置

5．由于内环多造成拉伸除料错误，需要修改。在左边的设计环境树中，找到刚才的拉伸特征，单击右键，在弹出的立即菜单中，选择"编辑特征"操作，在弹出的"属性"对话框中，选择"反向切除"，如图 7-41 所示。单击 ✓ 图标退出"属性"对话框，完成拉伸除料特征造型，如图 7-42 所示。

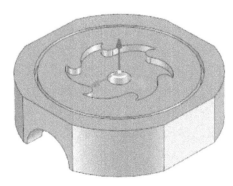

图 7-40　拉伸除料

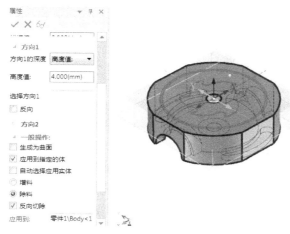
图 7-41　修改除料特征

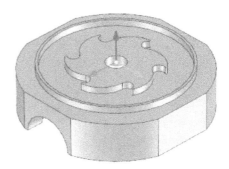
图 7-42　反向切除

7.2.2　零件反面自适应粗加工

7.2.2　零件
反面自适应粗
加工

1. 在"制造"功能区，单击"三轴加工"面板上的"自适应
粗加工"按钮，弹出"自适应粗加工"对话框，设置加工参数
如下："加工方式"选择"往复"加工，"加工方向"为"顺铣"，"加工余量"设为"0.5"，
"层高"设为"1"，"行距"设为"2"，如图 7-43 所示。

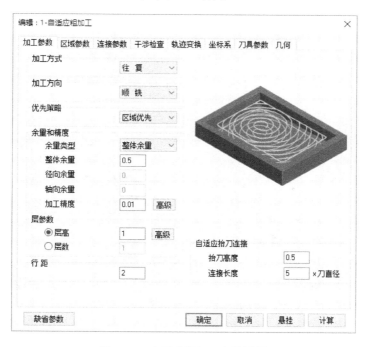
图 7-43　自适应粗加工参数设置

2. 在"区域参数"选项卡中，选择使用高度范围，用户指定："起始高度"为"1"，
"终止高度"为"-4"，如图 7-44 所示。

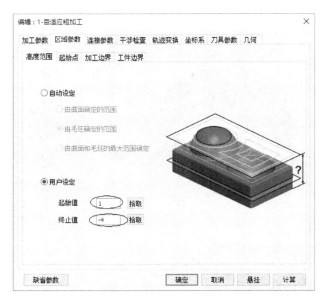

图 7-44　设定加工高度范围

　　3．在"刀具参数"选项卡中选择$\phi6$ 的立铣刀。在"几何"选项卡中，单击"拾取加工曲面"，单击工件上的加工曲面。单击"毛坯"，单击拾取毛坯。各项参数设置完成后，单击"确定"按钮退出"自适应粗加工"对话框，系统经过计算会自动生成自适应粗加工轨迹，如图 7-45 所示。

　　4．在"制造"功能区，单击"仿真"加工面板上的"实体仿真"按钮🔵，在弹出的窗口中，单击"拾取"按钮 拾取 ，拾取自动生成自适应粗加工轨迹，单击"仿真"按钮 仿真 ，进入"仿真"窗口中，单击"运行"按钮 ▶ ，开始轨迹仿真加工，结果如图 7-46 所示。

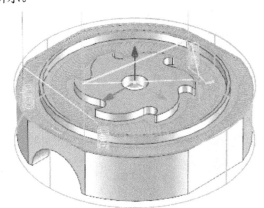

图 7-45　自适应粗加工轨迹

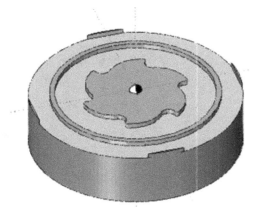

图 7-46　自适应粗加工轨迹仿真

7.2.3　零件反面平面轮廓精加工

　　1．在"制造"功能区，单击"二轴加工"面板上的"平面轮廓精加工 2"按钮〰，弹出"平面轮廓精加工 2"对话框，设

7.2.3　零件反面平面轮廓精加工

置加工参数如下："顶层高度"为"0"，"底层高度"为"-4"，"每层下降高度"为"1"，"加工侧"为"左侧"，如图 7-47 所示。

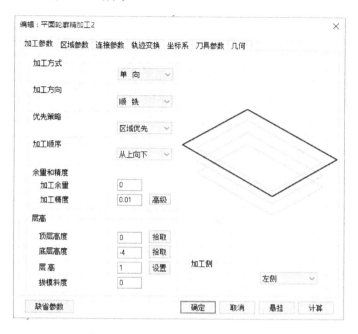

图 7-47　平面轮廓精加工 2 参数设置

　　2．在"刀具参数"选项卡中选择 $\phi5$ 的立铣刀，在"几何"选项卡中，单击"轮廓曲线"，弹出"轮廓拾取工具"对话框，如图 7-48 所示。选择"拾取元素类型"为"零件上的边"，在工件上拾取零件轮廓边。各项参数设置完成后，单击"确定"按钮退出"平面轮廓精加工 2 参数设置"对话框，系统经过计算会自动生成平面轮廓精加工 2 轨迹，如图 7-49 所示。

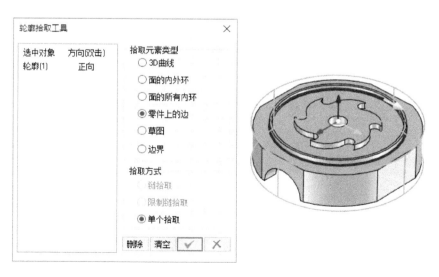

图 7-48　拾取加工轮廓线

3．同样采用平面轮廓精加工功能生成内轮廓精加工
轨迹，在"几何参数"选项卡中，单击"轮廓曲线"，弹
出"轮廓拾取工具"对话框，如图 7-50 所示。选择
"拾取元素类型"为"面的所有内环"，在工件上拾取零
件内型腔面。参数设置完成后，生成内轮廓精加工轨
迹，如图 7-49 所示。平面轮廓精加工轨迹实体仿真如图 7-51
所示。

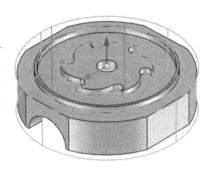

图 7-49 平面轮廓精加工轨迹

图 7-50 拾取内部加工轮廓线　　　　　图 7-51 平面轮廓精加工轨迹仿真

4．在"制造"功能区，单击"后置处理"面板上的"后置处理"按钮G，弹出"后置处
理"对话框，选择控制系统文件 Fanuc，单击"拾取"按钮 拾取 ，拾取平面轮廓精加工轨迹，
选择"铣加工中心 4X-TA"机床配置文件，单击"拾取"，拾取工件坐标系，如图 7-52 所
示。单击"后置"退出"后置处理"对话框，生成平面轮廓精加工程序，如图 7-53 所示。

图 7-52 后置处理

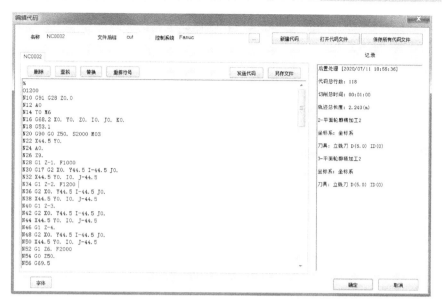

图 7-53　平面轮廓精加工程序

实例 7.3　梅花筒零件造型设计与四轴柱面包裹加工

完成梅花筒零件的实体造型，并在直径为 80mm、长度为 210mm 的圆柱曲面上加工梅花图案并编制其加工程序，如图 7-54 所示。图中椭圆长半轴为 110mm，短半轴为 45mm，梅花图大小自定。

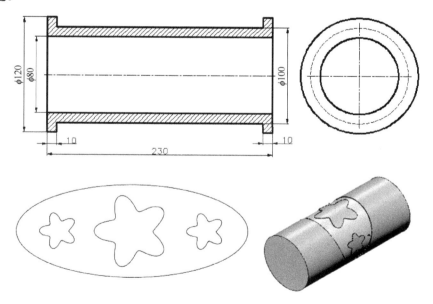

图 7-54　梅花筒零件及实体造型

梅花筒零件是三维曲面实体模型，通过草图旋转特征造型完成主体造型设计。加工策略是：通过平面自适应粗加工功能完成椭圆梅花区域加工轨迹，然后通过四轴柱面包裹加工功能完成梅花筒零件的加工。

7.3.1　零件 CAD 造型设计

1．在设计环境中打开"草图"功能区，单击"草图"按钮 下方的小箭头，出现"基准面选择"选项。单击选择"在 *X-Y* 基准面"图标 ，在 *X-Y* 基准面内新建草图，进入草图绘图环境。

2．在"绘制"功能面板中，选择"连续直线"图标 ，参考尺寸绘制如图 7-55 所示的草图，单击"完成"按钮 ，单击下拉按钮中的 ，完成草图绘制。按 F8 键，草图轴测显示如图 7-56 所示。

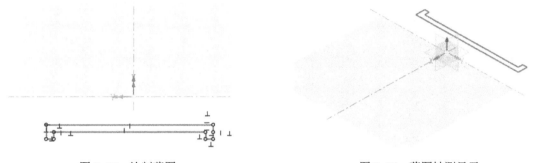

图 7-55　绘制草图　　　　　　　　　　　图 7-56　草图轴测显示

3．在左边的设计环境树中，右击"2D 草图"，在弹出的菜单中选择"生成—创建旋转特征"，弹出"创建旋转特征"对话框，"类型"选择"实体"，单击"确定"按钮即可完成旋转特征造型，如图 7-57 所示。右键单击左边设计环境树中的"零件 4"，在立即菜单中单击"压缩"，隐藏特征造型。

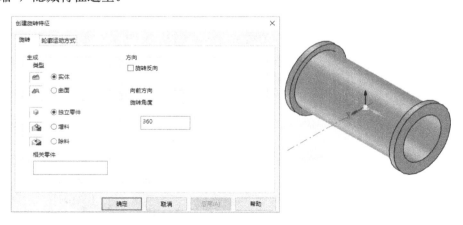

图 7-57　旋转特征造型

4．在"曲线"选项卡中，单击"三维曲线"面板上的"公式曲线"图标 f∞，弹出"公式曲线"对话框，如图 7-58 所示。单击"梅花曲线"，给出参数及参数公式，单击"确定"按钮，完成操作，如图 7-59 所示。

图 7-58 "公式曲线"对话框　　　　　　　　　图 7-59 梅花曲线

5. 在"曲线"选项卡中，单击"三维曲线"图标，单击"修改"面板中的"平移复制"命令。单击拾取梅花曲线，捕捉中心坐标点为第一点，输入第二点坐标（65，0），完成复制操作。同样在左边坐标（-65，0）的位置复制梅花曲线，如图 7-60 所示。

图 7-60 复制梅花曲线

6. 在"曲线"选项卡中，单击"三维曲线"图标，单击"修改"面板中的"缩放"命令。单击拾取左边的梅花曲线，选择梅花曲线中间一点为基准点，单击右键，输入比例"0.5"，完成缩放操作。同样方法完成右边梅花曲线的缩放，如图 7-61 所示。

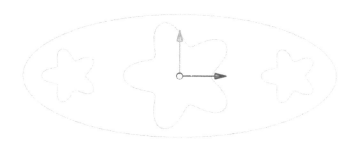

图 7-61 缩放梅花曲线

7．在"曲线"选项卡中，单击"三维曲线"图标 ，单击"高级绘图"面板中的"椭圆"按钮 ，在左边的立即菜单中输入半长轴"110"，半短轴"45"，捕捉坐标中心，完成椭圆绘制，如图 7-61 所示。

7.3.2 梅花图案平面自适应粗加工

1．打开"制造"功能区面板，单击"二轴加工"面板上的"平面自适应粗加工"按钮 ，弹出"平面自适应粗加工"对话框，设置加工参数如下："顶层高度"设为"1"，"底层高度"设为"-1"，"层高"设为"3"，如图 7-62 所示。

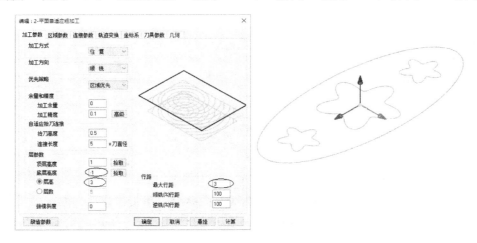

图 7-62　平面自适应粗加工参数设置

2．在"刀具参数"选项卡中选择 $\phi5$ 的立铣刀。在"几何参数"选项卡中，单击"工件轮廓"，在"轮廓拾取工具"中，选择"拾取元素类型"为"3D 曲线"，拾取椭圆轮廓，拾取梅花曲线轮廓，如图 7-63 所示。

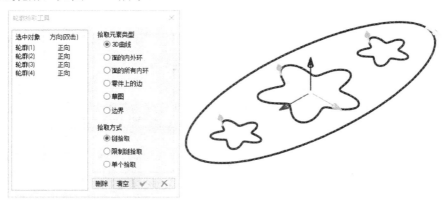

图 7-63　拾取加工轮廓

3．参数设置完成后，单击"确定"按钮退出"平面自适应粗加工"对话框，系统会自动生成平面自适应粗加工轨迹，加工轨迹轴测显示如图 7-64 所示。右键单击左边设计环境树中的"零件4"，在立即菜单中单击"压缩"，显示特征造型，如图 7-65 所示。

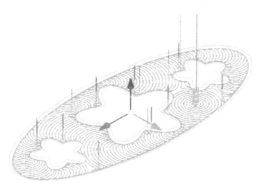

图 7-64　平面自适应粗加工轨迹

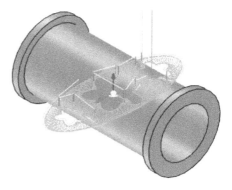

图 7-65　加工轨迹轴测图

7.3.3　梅花筒零件四轴柱面包裹加工

7.3.3　梅花筒零件四轴柱面包裹加工

1．右击加工管理树中的"毛坯"，在弹出的菜单中选择"创建毛坯"，打开"创建毛坯"对话框，如图 7-66 所示。选择"圆柱体毛坯"，设置"高度"为"230"，"半径"为"50"，"底面中心坐标（0,–110,0）"，"轴向 VY"为"1"，单击"确定"按钮退出后，创建了一个圆柱体毛坯，如图 7-67 所示。

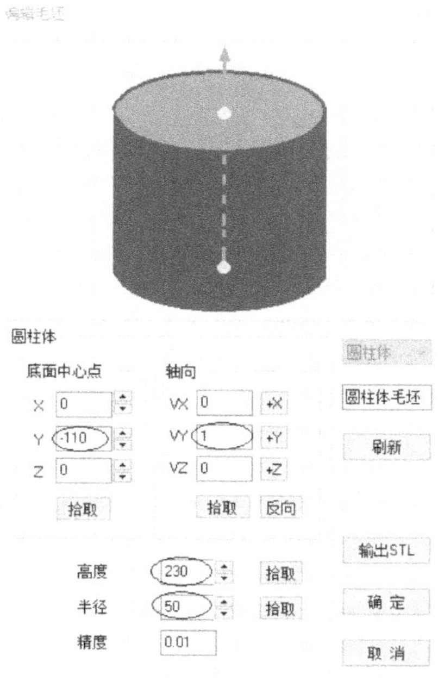

图 7-66　创建毛坯

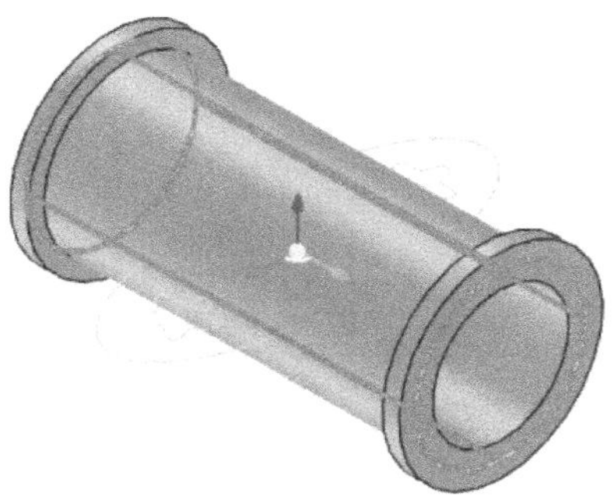

图 7-67　圆柱体毛坯

2．在选项卡空白处单击右键，在弹出的立即菜单中选择"自定义选项卡"，如图 7-68 所示。在"自定义选项卡"对话框中，在左边所有命令功能中选择"制造"，在右边新建面板，输入面板名称为"多轴加工"，从左边选择需要的命令，单击"添加"，就会放到多轴加工面板上，如图 7-69 所示。

图 7-68　"自定义选项卡"立即菜单

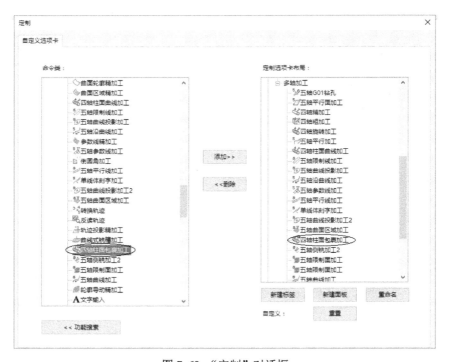

图 7-69　"定制"对话框

操作技巧：

CAXA 制造工程师 2020 集成的内容较多，软件安装后有些内容没有显示出来，需要用户根据自己的使用情况通过"自定义"选项卡添加设置。

3．在工程设计环境中打开"制造"功能区，单击"多轴加工"面板上的"四轴柱面包裹加工"按钮✍，弹出"四轴柱面包裹加工"对话框，如图 7-70 所示，设置"高度"为"230"，"底半径"为"50"，"顶半径"为"50"，"底面中心坐标"为"（0,-110,0）"，"轴向VY"为"1"，"轴向偏移"为"110"，单击拾取平面自适应粗加工轨迹，单击"确定"按钮退出后，生成四轴柱面包裹加工轨迹，如图 7-71 所示。

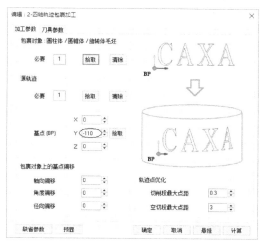

图 7-70　四轴柱面包裹加工参数设置　　　　图 7-71　四轴柱面包裹加工轨迹

4．右键单击平面自适应粗加工轨迹，在弹出的立即菜单中，选择"隐藏"，隐藏平面自适应粗加工轨迹，如图 7-72 所示。

5．在"制造"功能区，单击"仿真"加工面板上的"实体仿真"按钮⚫，在弹出的窗口中，单击"拾取"按钮[拾取]，拾取四轴柱面包裹加工轨迹，单击"仿真"按钮[仿真]，进入"仿真"窗口中，单击"运行"按钮▶，开始轨迹仿真加工，结果如图 7-73 所示。

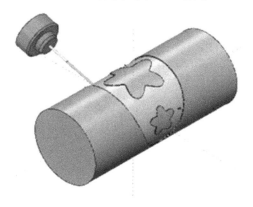

图 7-72　梅花筒加工轨迹　　　　　　　图 7-73　四轴柱面包裹加工轨迹仿真

6．在"制造"功能区，单击"后置处理"面板上的"后置处理"按钮**G**，弹出"后置处理"对话框。选择控制系统文件 Fanuc，单击"拾取"按钮[拾取]，拾取四轴柱面包裹加工轨迹，选择"铣加工中心-4X-TB"机床配置文件，单击"后置"按钮退出"后置处理"对话框，生成四轴柱面包裹加工轨迹程序，如图 7-74 所示。

图 7-74　四轴柱面包裹加工轨迹程序

实例 7.4　扇轮零件的设计与五轴侧铣加工

根据如图 7-75 所示扇轮零件图，完成扇轮零件的三维 CAD 造型设计，并采用适当的加工方法完成扇轮零件粗加工、上表面精加工、扇轮顶部球面精加工和扇轮叶片加工的程序编制。零件材料为 45 钢。

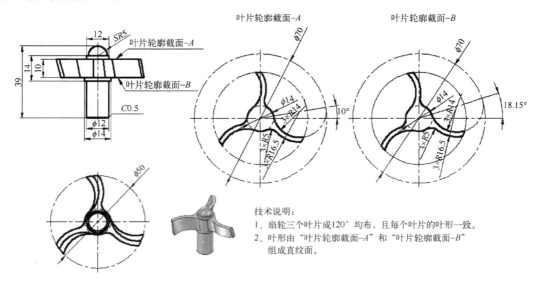

图 7-75　扇轮零件图

扇轮侧面曲面是由叶片轮廓截面-*A* 和叶片轮廓截面-*B* 组成的直纹面，所以在扇轮造型上有两种思路。一是先绘制叶片二维轮廓图，然后用填充面功能完成平面造型，再用平移复制功能完成叶片轮廓截面-*B* 的绘制；用直纹面曲面造型方法完成扇轮侧面曲面造型；最后用曲面实体化功能完成叶轮实体造型。造型过程参见二维码视频。

二是先绘制叶片二维轮廓图，再用平移复制功能完成叶片轮廓截面-*B* 的绘制；然后用草图投影完成轮廓截面-*A* 和叶片轮廓截面-*B* 的草图，再用直纹面曲面造型方法完成扇轮侧面曲面造型；最后用曲面实体化功能完成叶轮实体造型。造型过程参见 7.4.1 零件 CAD 造型设计。

在加工策略上，扇轮加工属于五轴联动部分，采用等高线粗加工功能完成扇轮零件整体粗加工；采用平面区域粗加工功能，加工余量给成 0，完成扇轮上表面精加工；采用五轴参数线加工功能完成扇轮顶部半球面加工；采用五轴侧铣加工功能完成扇轮侧面曲面精加工。

装卡采用三爪，夹持毛坯直径为 12mm 的细杆；注意夹持长度 20mm 左右，需要留 6mm 间隙。

7.4.1　零件 CAD 造型设计

7.4.1　零件 CAD 造型设计

1．在创新模式环境下打开"曲线"功能区，单击"三维曲线"按钮，在"基本绘图"面板上，单击绘制圆中的"圆心-半径"按钮，捕捉中心绘制 ϕ14、ϕ50、ϕ70 的圆，单击"直线"中的"角度线"按钮，绘制与水平轴成 10°的斜线，然后用"圆心-半径"命令绘制 *R*14 和 *R*16.5 的图，如图 7-76 所示。

2．单击"修改"按钮，选择"裁剪"功能，单击裁剪不需要的线，然后用"两点-半径"命令绘制 *R*5 的过渡圆弧，如图 7-77 所示。

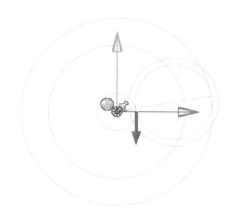

图 7-76　绘制扇轮辅助线

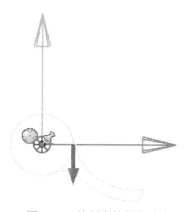

图 7-77　绘制扇轮单个叶片

3．单击"修改"按钮，选择"阵列"命令，将单个叶片圆形阵列三份，如图 7-78 所示。

4．在设计环境中打开"草图"功能区面板，单击"草图"按钮下方的小箭头，出现"基准面选择"选项。单击选择"在 *X-Y* 基准平面"图标，即可进入草图，开始二维草图的绘制。

在"草图"功能区，单击"绘图"面板上的"投影"按钮，拾取扇轮叶片曲线，完成草图 1 的绘制。单击"修改"面板上的"删除重复"按钮，删除重复的图线，结果如图7-79所示。

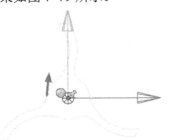

图7-78 绘制扇轮叶片

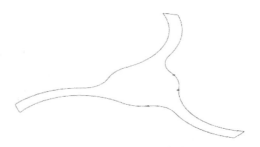

图7-79 绘制扇轮草图1

> **操作技巧：**
> 草图是一个封闭的空间区域，不能有重复的线，也不能有断开部分，如果有要进行修改。

5．在设计环境中打开"草图"功能区面板，单击"草图"按钮 下方的小箭头，出现"基准面选择"选项。单击选择"二维草图"图标，可以进入"二维草图定位类型"对话框，按照命令管理栏中的提示，选择点方式定位草图平面，单击在坐标中心上10mm的位置点（可以提前绘制一条10mm的竖直线）。单击"确定"按钮 ，完成基准平面创建，即可进入草图，开始二维草图的绘制。

6．在"草图"功能区，单击"绘图"面板上的"投影"按钮 投影，拾取扇轮叶片曲线，完成草图2的绘制，如图7-80所示。

7．右键单击右边设计环境树中的"草图2"，在弹出的立即菜单中单击"压缩" ，隐藏草图2。

8．右键单击右边设计环境树中的"草图1"，在弹出的立即菜单中单击"编辑" ，单击"修改"面板上的"旋转"按钮 ，将扇轮草图1旋转8.15°，如图7-81所示。

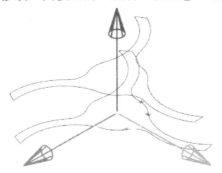

图7-80 绘制扇轮草图2

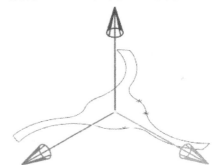

图7-81 旋转扇轮草图1

> **操作技巧：**
> 扇轮叶片轮廓截面-A和叶片轮廓截面-B尺寸相同，只是叶片轮廓截面-B比叶片轮廓截面-A中心角度大了8.15°，所以将扇轮草图1旋转8.15°。

9．在"曲面"功能区，单击"曲面"面板上的"直纹面"按钮 直纹面，采用"曲线+曲线"方式，依次拾取草图1和草图2上对应曲线，完成直纹面绘制，如图7-82所示。按

F5 键，直纹面水平显示如图 7-83 所示。

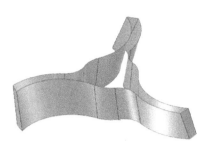

图 7-82　绘制直纹面

图 7-83　直纹面俯视图

10．在"曲面"功能区，单击"曲面编辑"面板上的"填充面"按钮 填充面，依次拾取草图 1 各边线，单击"确定"按钮 ✓ 退出，完成草图 1 填充平面建模，同理完成草图 2 填充平面建模，如图 7-84 所示。

11．在创新模式环境下打开"曲面"功能区，在"曲面编辑"面板上，单击"实体化"按钮 实体化(S)，依次拾取上下底面和 15 个侧面，单击"确定"按钮 ✓ 退出，完成扇轮叶片实体建模，如图 7-85 所示。

图 7-84　绘制上下填充面

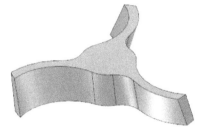

图 7-85　曲面实体化造型

12．在设计环境中打开"草图"功能区，单击"草图"按钮 下方的小箭头，出现"基准面选择"选项。单击选择"在 Z-X 基准面"图标，在 Z-X 基准面内新建草图，进入草图绘图环境。

13．在"草图"功能区，利用"绘图"面板上的连续"直线"和"圆"等命令绘制如图 7-86 所示的草图 3。

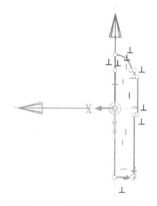

图 7-86　绘制旋转草图 3

14．在左边的设计环境树中，右击"2D 草图 3"，在弹出的菜单中选择"生成—创建旋转特征"，弹出"创建旋转特征"对话框，如图 7-87 所示，选择"实体"和"增料"，单击"确定"按钮即可完成旋转特征造型，如图 7-88 所示。

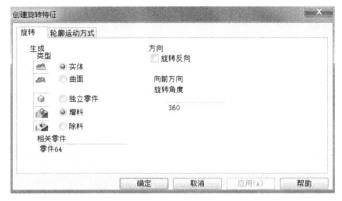

图 7-87　创建旋转特征

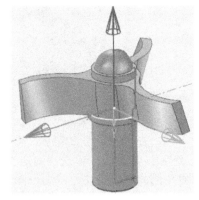

图 7-88　旋转特征造型

15．按 F8 键，轴测显示扇轮实体造型，如图 7-89 所示。按 F6 键显示扇轮造型 *XOZ* 面视图，如图 7-90 所示。按 F7 键显示扇轮造型 *YOZ* 面视图，如图 7-91 所示。

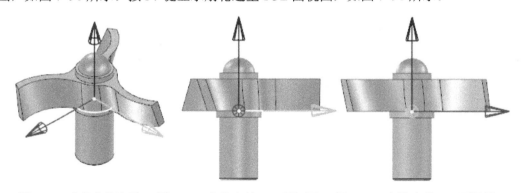

图 7-89　扇轮实体造型　　图 7-90　扇轮造型 *XOZ* 面视图　　图 7-91　扇轮造型 *YOZ* 面视图

操作技巧：

以上步骤完成了实体特征造型。如果只是为了加工需要，可以只完成曲面造型，而不需要做实体特征造型。

7.4.2　扇轮零件等高线粗加工

7.4.2　扇轮零件等高线粗加工

1．右击加工管理树中的"毛坯"，在弹出的菜单中选择"创建毛坯"，打开"创建毛坯"对话框，如图 7-92 所示。选择"圆柱体毛坯"，"高度"设为"18"，"半径"设为"27"，最后单击"确定"按钮退出对话框，创建了一个圆柱体毛坯，如图 7-93 所示。

2．在"制造"功能区，单击"创建坐标系"按钮，在"创建坐标系"对话框中，单击"点"按钮，如图 7-94 所示，输入原点坐标（0,0,17），在 *R*5 球面顶点建立工件坐标系，单击"确定"退出"创建坐标系"对话框，完成工件坐标系创建，如图 7-95 所示。

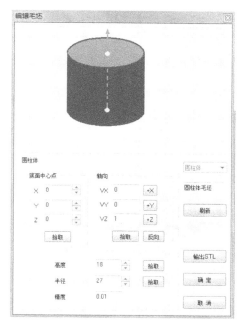

图 7-92　创建毛坯

图 7-93　创建圆柱体毛坯

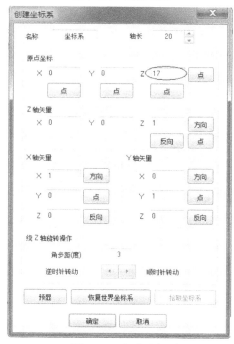

图 7-94　创建坐标系

图 7-95　创建工件坐标系

⚒ **操作技巧：**

　　本例是在世界坐标系下进行的实体造型，一般对刀点在零件的上表面中心点，所以要在上表面中心点建立工件坐标系，以便在多轴加工中使用。但在二轴和三轴加工中仍然用世界坐标系编写程序，所以在对刀时要特别注意。

3．在"制造"功能区，单击"三轴加工"面板上的"等高线粗加工"按钮 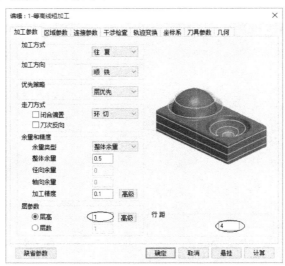，弹出 "等高线粗加工"对话框，设置加工参数如下："走刀方式"选择"往复"加工，"加工方向"选择"顺铣"，"加工余量"设为"0.5"，"层高"设为"1"，"走刀方式"选择"环切"，"最大行距"设为"4"，如图7-96所示。

图 7-96　等高线粗加工参数设置

4．在"连接参数"选项卡中，在"接近/返回"处，选上"加下刀"。选择 D6 的立铣刀。在"几何"选项卡中，单击"加工曲面"，在弹出的对话框中选择"零件"，单击拾取叶片零件；单击"毛坯"，拾取圆柱体毛坯。

5．各个加工参数设置完成后，单击"确定"按钮退出"等高线粗加工"对话框，系统会自动计算生成等高线粗加工轨迹，如图7-97所示。

6．在"制造"功能区，单击"仿真"加工面板上的"实体仿真"按钮 ，在弹出的窗口中，单击"拾取"按钮 拾取 ，拾取等高线粗加工轨迹，单击"仿真"按钮 仿真 ，进入"仿真"窗口，单击"运行"按钮 ▶ ，开始轨迹仿真加工，结果如图7-98所示。

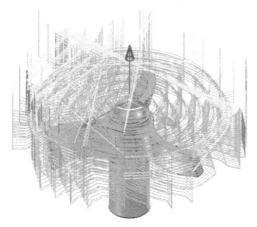

图 7-97　等高线粗加工轨迹

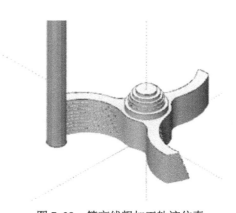

图 7-98　等高线粗加工轨迹仿真

7. 在"制造"功能区，单击"后置处理"面板上的"后置处理"按钮**G**，弹出"后置处理"对话框，选择控制系统文件 Fanuc，单击"拾取"按钮 拾取，拾取等高线粗加工轨迹，选择"铣加工中心-3X"机床配置文件，单击"后置"按钮退出"后置处理"对话框，生成扇轮零件等高线粗加工程序，如图 7-99 所示。

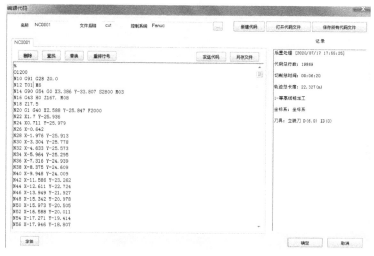

图 7-99　等高线粗加工程序

7.4.3　扇轮上表面精加工

1. 单击"三维曲线"按钮 ，在"基本绘图"面板上，利用"圆"命令绘制 $\phi 50$ 的圆，作为加工轮廓线，绘制 $\phi 12$ 的圆，作为岛屿轮廓线，如图 7-100 所示。

图 7-100　绘制加工轮廓线

> 🔧 **操作技巧:**
>
> 平面区域粗加工功能需要拾取加工轮廓线和岛屿轮廓线，所以在这要绘制 $\phi 50$ 的圆和 $\phi 12$ 的圆。

2．打开"制造"功能区，单击"二轴加工"面板上的"平面区域粗加工"按钮，弹出"平面区域粗加工"对话框，设置加工参数如下："走刀方式"选择"环形加工"、"从外向里"、"轮廓补偿"选择"TO"，"岛屿补偿"选择"TO"，设置"顶层高度"为"–5"，"底层高度"为"–7"，"每层下降高度"为"1"，"行距"为"3"，"轮廓余量"为"0"，"轮廓补偿"为"ON"，"岛屿余量"为"0"，"岛屿补偿"为"TO"，"加工精度"为"0.1"，如图7-101所示。

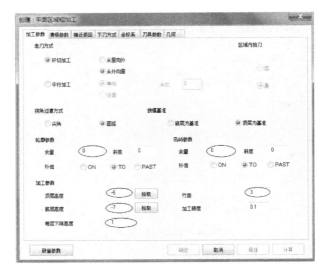

图7-101　平面区域粗加工参数设置

操作技巧：

将轮廓加工余量设置为0，实现用"平面区域粗加工"功能生成扇轮上表面平面区域精加工程序。

3．选择D6的立铣刀。在"几何参数"选项卡中，单击"轮廓曲线"，拾取直径为50mm的圆，如图7-102所示。单击"岛屿曲线"，拾取直径为12mm的圆，如图7-103所示。

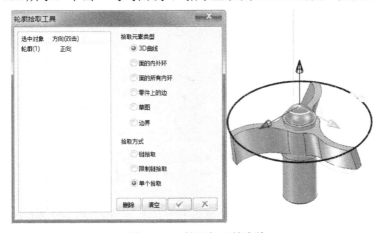

图7-102　拾取加工轮廓线

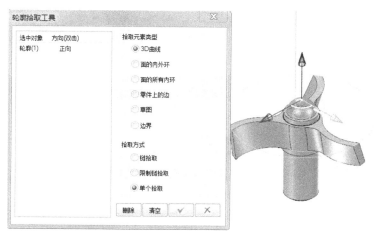

图 7-103 拾取岛屿曲线

4. 参数设置完成后，单击"确定"按钮退出"平面区域粗加工"对话框，系统会自动生成平面区域粗加工轨迹，如图 7-104 所示。

5. 在"制造"功能区，单击"后置处理"面板上的"后置处理"按钮 **G**，弹出"后置处理"对话框，选择控制系统文件 Fanuc，单击"拾取"按钮 拾取 ，拾取平面区域粗加工轨迹，选择"铣加工中心-3X"机床配置文件，单击"后置"退出"后置处理"对话框，生成扇轮上表面精加工程序，如图 7-105 所示。

图 7-104 平面区域粗加工加工轨迹

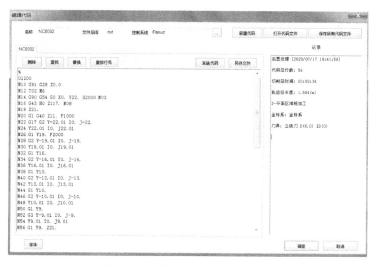

图 7-105 扇轮上表面精加工程序

7.4.4 扇轮顶部球面五轴参数线精加工

1. 右击加工管理树中的"毛坯"，在弹出的菜单中选择"创建

7.4.4 扇轮顶部球面五轴参数线精加工

毛坯"，打开"创建毛坯"对话框，如图 7-106 所示。选择"圆柱体毛坯"，"底面中心高度"设为"12"，"毛坯高度"设为"5.1"，"半径"设为"6"，最后单击"确定"按钮退出对话框，创建了一个圆柱体毛坯。

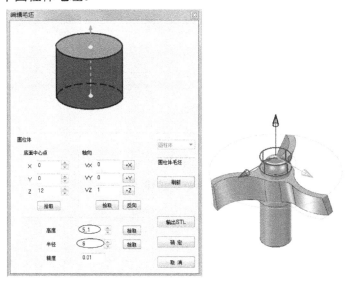

图 7-106　创建毛坯

操作技巧：
为了仿真加工时不发生碰撞，在五轴参数线加工前先创建了新毛坯。

2．在"制造"功能区，单击"五轴加工"面板上的"五轴参数线加工"按钮，弹出"五轴参数线加工"对话框，设置加工参数如下："刀次"设为"40"，"加工余量"设为"0.1"，如图 7-107 所示。

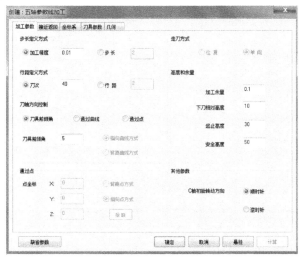

图 7-107　五轴参数线加工参数设置

3．选择 D6 的球头铣刀。在"几何参数"选项卡中，单击"加工曲面"，在弹出的对话框中，单击"拾取加工球面"，选择"角点 4"，选择"方向 1"，如图 7-108 所示。

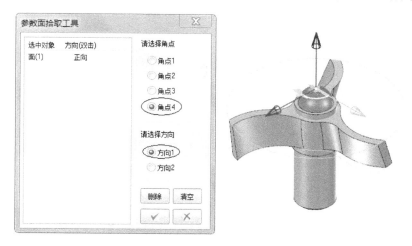

图 7-108　拾取加工曲面

✦ **操作技巧：**

　　五轴参数线加工拾取加工曲面时，要注意角点和方向的选择，否则生成的轨迹会不同。

　　4．各个加工参数设置完成后，单击"确定"按钮退出"五轴参数线加工"对话框，系统会自动计算生成五轴参数线加工轨迹，如图 7-109 所示。

　　5．在"制造"功能区，单击"仿真"加工面板上的"实体仿真"按钮●，在弹出的窗口中，单击"拾取"按钮 拾取，拾取五轴参数线加工轨迹，单击"仿真"按钮 仿真，进入"仿真"窗口，单击"运行"按钮▶，开始轨迹仿真加工，结果如图 7-110 所示。

图 7-109　五轴参数线加工轨迹

图 7-110　五轴参数线加工轨迹仿真

　　6．在"制造"功能区，单击"后置处理"面板上的"后置处理"按钮**G**，弹出"后置处理"对话框，如图 7-111 所示。选择控制系统文件 Fanuc，单击"拾取"按钮 拾取，拾取五轴参数线加工轨迹，选择"铣加工中心-5X-HC-HA"机床配置文件，单击"定向加工"，选择新建的工件坐标系,单击"后置"按钮,退出"后置处理"对话框,生成五轴参数线加工程序,如图7-112所示。

图7-111　后置处理

图7-112　五轴参数线加工程序

7.4.5　扇轮零件的五轴侧铣加工

7.4.5　扇轮零件的五轴侧铣加工

1. 右键单击左边设计环境树中的"零件",在立即菜单中单击"压缩",隐藏特征造型。将草图1和草图2解压缩显示出来。

2. 在"曲面"功能区,单击"曲面"面板上的"直纹面"按钮 直纹面,采用"曲线+曲线"方式,依次拾取草图1和草图2上对应曲线,完成直纹面绘制,如图7-113所示。

3. 在"曲面"功能区,单击"曲面编辑"面板上的"合并曲面"按钮 合并曲面,单击拾取四个直纹面,将它们拟合成一张曲面。

4. 在"制造"功能区,单击"五轴加工"面板上的"五轴侧铣加工2"按钮 ,弹出

"五轴侧铣加工 2"对话框，设置加工参数如下："加工方向"为"内侧"，选择"自动提取曲线"策略，"最大角步距"为"3"，"侧面余量"为"0"，如图 7-114 所示。

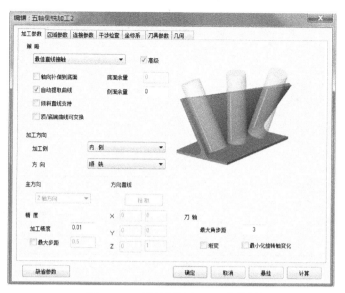

图 7-113　创建直纹面　　　　　　图 7-114　五轴侧铣加工 2 参数设置

5. 设置区域参数如下："分行方法"为"按照行距"，"行距"设为"1"，其他参数按默认对待，如图 7-115 所示。

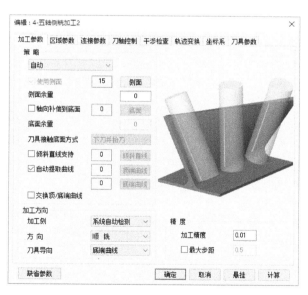

图 7-115　五轴侧铣加工 2 区域参数设置

6. 选择 D5 的球头铣刀。在"几何参数"选项卡中，单击"侧铣面"，在弹出的对话框中，单击"面拾取"，拾取加工直纹曲面。各个加工参数设置完成后，单击"确定"按钮退出"五轴侧铣加工 2"对话框，系统会自动计算生成五轴侧铣加工轨迹，如图 7-116 所示。

7. 右键单击左边设计环境树中的"零件"，在立即菜单中单击"压缩"，显示特征造型，如图7-117所示。

8．在"制造"功能区，单击"轨迹变换"面板上的"阵列"按钮，弹出"阵列轨迹"对话框，如图7-118所示。选择"圆形阵列"，单击"拾取轴线"，单击拾取轨迹，"角间距"设为"120"，"数量"设为"3"，单击"确定"按钮退出"阵列轨迹"对话框，生成阵列轨迹，如图7-119所示。

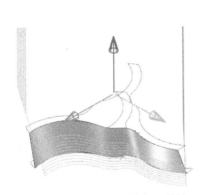

图7-116　创建五轴侧铣加工轨迹

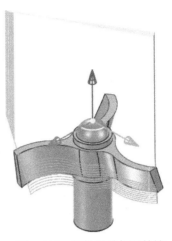

图7-117　五轴侧铣加工轨迹

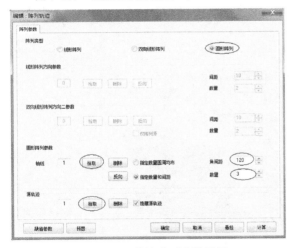

图7-118　轨迹阵列参数设置

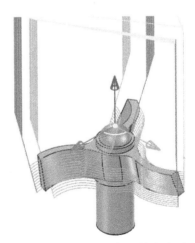

图7-119　五轴侧铣加工轨迹阵列

 操作技巧：

　　阵列轨迹时如果提前没有绘制好轴线，可以在拾取轴线时捕捉中心点，要注意方向向上。

9．在"制造"功能区，单击"仿真"加工面板上的"实体仿真"按钮，在弹出的窗口中，单击"拾取"按钮，拾取等高线粗加工轨迹、平面区域粗加工轨迹、五轴参数线加工轨迹和五轴侧铣加工轨迹，单击"仿真"按钮，进入"仿真"窗口，单击"运行"按钮，开始扇轮轨迹仿真加工，结果如图7-120所示。

10．在"制造"功能区，单击"后置处理"面板上的"后置处理"按钮G，弹出"后置处理"对话框,如图 7-121 所示。选择控制系统文件 Fanuc,单击"拾取"按钮 拾取 ,拾取五轴侧铣加工轨迹,选择"铣加工中心-5X-HC-HA"机床配置文件,单击"定向加工",选择工件坐标系,单击"后置"按钮,退出"后置处理"对话框,生成五轴侧铣加工程序,如图 7-122 所示。

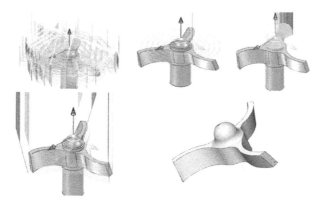

图 7-120　扇轮加工轨迹仿真

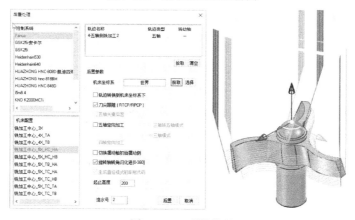

图 7-121　后置处理

图 7-122　扇轮叶片五轴侧铣加工程序

课后练习

1. 按照如图 7-123 所示的卡槽轴零件图，创建三维实体模型，并编写卡槽四轴加工程序。

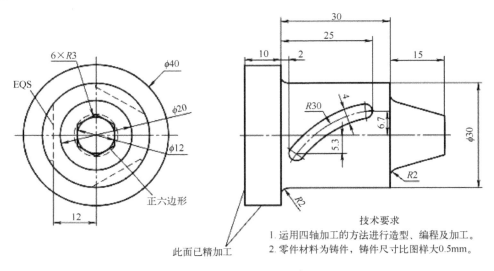

技术要求
1. 运用四轴加工的方法进行造型、编程及加工。
2. 零件材料为铸件，铸件尺寸比图样大0.5mm。

图 7-123 卡槽轴零件尺寸

2. 根据下面图 7-124 所示尺寸，完成零件的实体造型设计，应用适当的加工方法编制完整的 CAM 加工程序，后置处理格式按 FANUC 系统要求生成。

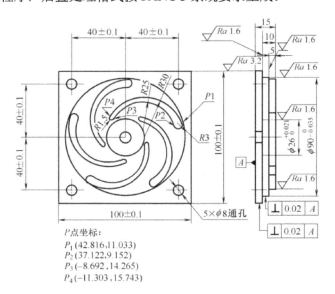

P点坐标:
P_1(42.816,11.033)
P_2(37.122,9.152)
P_3(-8.692,14.265)
P_4(-11.303,15.743)

图 7-124 叶轮零件尺寸图

参 考 文 献

[1] 张超英，等. 数控机床加工工艺、编程及操作实训[M]. 北京：高等教育出版社，2003.

[2] 高枫. 数控车削编程与操作训练[M]. 北京：高等教育出版社，2005.

[3] 郑书华. 数控铣削编程与操作训练[M]. 北京：高等教育出版社，2005.

[4] 罗军. CAXA 制造工程师项目教程[M]. 北京：机械工业出版社，2010.

[5] 李建华. 数控铣床编程与操作[M]. 北京：机械工业出版社，2013.

[6] 张云杰. CAXA 制造工程师 2015 技能课训[M]. 北京：电子工业出版社，2016.

[7] 刘玉春. CAXA 制造工程师 2016 项目案例教程[M]. 北京：化学工业出版社，2019.

[8] 刘玉春. CAXA CAM 数控铣削加工自动编程经典实例[M]. 北京：化学工业出版社，2020.

[9] 刘玉春. CAXA 数控车 2020 自动编程基础教程[M]. 北京：北京理工大学出版社，2021.

[10] 刘玉春. CAXA CAM 数控车削加工自动编程经典实例[M]. 北京：化学工业出版社，2021.